中国孩子特爱看的

# 中国儿童百科全书

总策划／邢涛　主编／龚勋

ZHONGGUO HAIZI TE AIKAN DE
ZHONGGUO ERTONG BAIKE QUANSHU

注音彩图版

## 动物王国

汕頭大學出版社

tui jian xu

世界儿童基金会
林孟雷

## 原来，百科全书可以如此精彩而有趣！

如果用不同类型的人来比喻不同类型的书，那么"百科全书"在许多家长和孩子眼里都会是一个须发皆白的老者，虽然满腹经纶，但那高高在上的工具书的面孔总会让人敬而远之，因此常常被束之高阁。而本套百科全书却更像一个带领孩子们去冒险的伙伴，伴随他们在知识的王国慢慢长大。

儿童的成长是积极地建构自身的过程。在这个过程中，主动学习知识比被动吸收信息对他们的身心发展更有益处，这种自主认知的内驱力将成为儿童提高、完善自我的动力之源。因此，寻找到一套能使孩子们爱不释手，同时又能在阅读过程中获益匪浅的书籍，将是父母们最感欣慰的事情。

本套百科全书正是这样一套依据儿童本位、符合儿童认知规律的优秀图书。它不同于传统意义上"大而全"的百科全书，不追求卷帙浩繁的大部头气派和道貌岸然的说教式姿态，而是以调动儿童阅读兴趣为出发点，以激发儿童求知欲、开启儿童智慧心门、培养儿童探索精神和创造性思维为编撰宗旨，在整体策划上呈现出知识性与趣味性相结合、互动交流的"授业解惑"与轻松愉快的阅读氛围相结合的全新形式。

丰富有趣的知识内容、灵活新颖的学习方式、快乐认知的阅读感受，将使孩子们在通向未来的旅程上信心满满，以富有创造精神的头脑迎接五彩缤纷的大千世界。

中国儿童教育研究所
陈勉

## shen ding xu
## 审定序

## 将快乐学习进行到底！

  每个孩子都是爱玩的，实际上，"玩"在他们的成长过程中是一种了解世界的学习方式。将严肃、枯燥、被动的说教式教育变为活泼、有趣、主动的快乐学习，对正处于生长发育期的幼儿来说非常有益，能使他们在玩中自然而然地将各种有用的知识收入囊中，最大限度地开发出个人潜能。

  本套"中国孩子最爱看的中国儿童百科全书"正是在充分了解了儿童学习特点的基础上精心编撰而成的，内容选取儿童成长过程中最需学习、掌握的十类自然与人文百科知识，每一本都能有效地帮助他们建立起对整个世界的认识。同时，针对儿童容易分心的认知特点，本套书的编撰者们在版式设计上也别具匠心，突破了传统的图文互配的简单形式，将阅读主题通过制作精良、别开生面的场景图片展现出来，让孩子们边玩边学，培养起求知好学的兴趣，将各种百科知识充分吸收。

  没有兴趣的强制性学习，只会扼杀孩子探求真理的天性，抑制他们智力的发展。因此，只有在保持儿童学习兴趣的基础上，才能充分调动起他们探索未知的勇气和信心。相信本套"中国儿童百科全书"在带给孩子新鲜的阅读感受的同时，也使他们积累了认识和开发世界所必需的知识，使美好的童年生活变得更加丰富，无比充实。

## 前言

  当孩子们翻开这本书的时候,一群可爱的小生灵将会带领他们进入一个绚丽而奇妙的动物世界。在这里,孩子们可以快乐地与猎豹驰骋于草原,与雄鹰翱翔于天空,与鱼儿嬉戏于大海……感受大自然赋予它们的生命力,感受它们的智慧与美丽。

  本书介绍了近百种神奇而有趣的动物。为了让孩子们更好地认识动物,我们特别针对他们的理解和接受能力,从灵活有趣的角度出发,在介绍每种小动物时,选择了它们最突出或最有趣的特点,以激发孩子们的兴趣和好奇心。书中对每个动物还配以精美的图片进行辅助说明,力求让孩子们能兴趣盎然地阅读并获得更多的知识。此外,创意新颖的小栏目——"知识百宝箱"还讲述了动物们鲜为人知的一面,以满足孩子们的求知欲望。

  动物与人类共同生活在地球上,分享着阳光、空气和水。我们希望孩子们通过阅读这本书,能够更加喜欢和爱护人类的这些朋友,认识到动物对于人类的重要性,增强孩子们的爱心和责任心。

# 如何使用本书

本书用生动活泼的语言,分五章系统介绍了动物王国里的主要成员。每个章节都自成体系,包括一个属内不同种类的可爱动物们,每种动物都有一篇集知识性和趣味性于一体的文字介绍,并辅以一个动物小档案和小资料作为知识点的补充。同时,本书辅以紧扣内容的生动图片,能帮助孩子更直观地了解这些可爱的动物。

**书眉**
双页码的书眉标示书名,单页码的书眉标示每一章的名称。

**主标题**
本节所介绍的主题动物名称。

**热门搜索**
该节主题动物的小档案,言简意赅。

**动物排行榜**
根据同一属内不同动物的特征所列的榜单,直观简练。

**主标题说明**
本节的知识主体,用生动的语言介绍了动物的特征、生活习性等。

## "贪杯"的大熊猫

**热门搜索**

姓　名:大熊猫
家　族:食肉目-大熊猫科
体　长:可达150厘米
体　重:约100千克
寿　命:20～30年
分　布:中国中部地区
特　点:爱吃竹子,善于攀爬。

大熊猫是我国的"国宝",它们性情温顺、惹人喜爱,不过却常常做傻事——喝水喝到醉倒。原来,大熊猫在喝水的时候,看到水中自己的倒影,还以为又来了一个同伴跟它抢水,于是就拼命地喝起来。喝着喝着,自己就被胀得昏昏沉沉的,像喝醉了一样,是不是傻得可爱呢?

刚出生的小熊猫　　20天后的小熊猫

**篇章页**

每一章都有介绍该章主要内容的概括性文字，并辅以本章具有代表性意义的图片，引导小读者快速掌握本章的知识要点。

**知识百宝箱**

与正文密切相关的动物知识或动物趣闻，是正文的补充和参考。

大熊猫最喜欢吃竹子，鲜嫩多汁的箭竹更是它的美味佳肴，一只大熊猫一天要吃掉几十千克箭竹。大熊猫喜欢独居，是个流浪汉，常常随季节的变化而搬家。夏天为了避暑，它们把家迁到凉爽的高山上；冬天就转移到温暖的向阳山坡上。

刚出生的熊猫宝宝非常小，只有妈妈体重的千分之一。熊猫妈妈整天抱着孩子，不断舔它，希望它快快长大。半年以后，小熊猫开始跟着妈妈学习爬树、游泳和剥食竹子等本领。两岁时，小熊猫才能离开家独立生活。

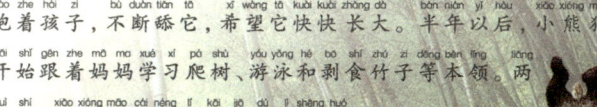

**图片**

与本节知识密切相关的图片，增强小读者对该种动物的直观认识。

**猜猜看是什么动物呢**

暗示了下一节所介绍的主题动物，充分调动小读者的阅读积极性。

# 目录 MULU

## 第一章
### 无脊椎动物大集合

| | |
|---|---|
| 会跳舞的"伞" | 16 |
| 那些"花儿" | 18 |
| 海底花园的建造者 | 20 |
| "伪装大师" | 22 |
| 海底的米诺斯迷宫 | 24 |
| 勤劳的小蜜蜂 | 26 |
| 昆虫中的"大力士" | 28 |
| "捕蚊高手"完全攻略 | 30 |
| "八卦将军" | 32 |
| "七星警察" | 34 |
| 蝴蝶飞呀 | 36 |

# 第二章
## 自游自在的鱼类大家族

| | | | |
|---|---|---|---|
| 海上"死神" | 40 | 鱼类的"美眉杀手" | 58 |
| 长嘴游泳冠军 | 42 | 海洋战马 | 60 |
| 爱耍花招的狗鱼 | 44 | 海中变色鸳鸯 | 62 |
| 鹦鹉鱼自制睡衣 | 46 | 会爬树的鱼 | 64 |
| 鲑鱼回家 | 48 | | |
| 欺软怕硬的鮟鱇鱼 | 50 | | |
| 鲤鱼跳龙门 | 52 | | |
| 可怕的食人鱼 | 54 | | |
| 美丽的"金鳞仙子" | 56 | | |

# 目录 MULU

**第三章**
**两栖爬行类大家庭**

蟾蜍宝贝　　　　68

生性残酷的鳄鱼　70

慢性子的龟　　　72

流泪的蠵龟　　　74

蛇中之王　　　　76

五花八门的蛇　　78

看我七十二变　　80

神勇无敌壁虎功　82

珍贵的娃娃鱼　　84

雨后"歌唱家"　　86

**第四章**
**翱翔天空的鸟类家族**

会说人话的鹦鹉　90

| | |
|---|---|
| 我是"强盗"我怕谁　92 | 动物中的"贵族"　106 |
| 电眼"警卫"　94 | 天生丽质的孔雀　108 |
| 自私自利的杜鹃　96 | 引吭高歌　110 |
| 空中"千里眼"　98 | |
| 森林"医生"　100 | |
| 会游泳的鸟　102 | |
| 狂奔的鸵鸟　104 | |

## 第五章
### 喝奶长大的哺乳动物

此鱼非鱼　　　　114

"贪杯"的大熊猫　　116

陆地上的"巨无霸"118

食草动物也凶猛　　120

极地"霸主"　　　122

无声的"坦克"　　124

海里的"睡觉大王"126

生蛋的哺乳动物　　128

不喝水的树袋熊　　130

爱干净的浣熊　　　132

筑坝"工程师"　　134

不吃剩饭的"杀手"136

| | | | |
|---|---|---|---|
| 草原"霸主" | 138 | 温和的大猩猩 | 150 |
| 百兽之王 | 140 | 恶作剧的黑猩猩 | 152 |
| 群狼出击 | 142 | 滑头的狐狸 | 154 |
| "家庭合唱团" | 144 | 穿礼服的"绅士" | 156 |
| 猴的双赢原则 | 146 | 坐山观"鼠"斗 | 158 |
| "寿星佬" | 148 | | |

# 第一章
## 无脊椎动物大集合

无脊椎动物起源于原始海洋中的原鞭毛虫。它们经过几十亿年的发展和演变，分化成了种类繁多的无脊椎动物。无脊椎动物现存100余万种，占据了动物王国的大半壁"江山"，海洋、江河、湖泊、池沼以及陆地上都有它们的踪迹。

无脊椎动物的家族虽然很庞大，但是它们中的大多数体形"娇小"，看上去毫不起眼，不过它们中的许多成员还是十分可爱和可敬的哦！海洋中美丽的"舞蹈家"——水母，海底花园的"建造师"——珊瑚虫，害虫的克星——七星瓢虫，勤劳的小蜜蜂，织网"高手"——蜘蛛……它们向人类展示了一个无比奇妙的动物世界。

# 会跳舞的"伞"

## 热门搜索

**姓 名**：水母

**家 族**：腔肠动物门－钵水母纲

**直 径**：10～240厘米

**体 重**：10千克以下

**寿 命**：几个星期或一年左右

**分 布**：世界各地的海洋

**特 点**：外表美丽，能射出毒丝。

你见过会跳舞的"伞"吗？在蔚蓝色的大海里就生活着一种会跳舞的"伞"——水母。水母的整个身体好像一顶透明的圆伞，"伞"下面还长着很多细长的触手。当水母在水里游动的时候，细长的触手跟着美丽的圆"伞"一起漂动，好像在翩翩起舞，姿态优美极了。

一般水母的伞状身体是由胶状物质所组成的。

# 第一章 无脊椎动物大集合

水母虽然长相美丽,但性情却十分凶猛。它的触手上隐藏着秘密武器——刺细胞,刺细胞能射出有毒的液体。在全球最毒的十种动物排名中,一种生活在澳大利亚的箱水母名列榜首。这种箱水母的触手碰到人体的任何部位都会使人在30分钟内死亡。

水母体形庞大,不过它的游泳技术可不一般。水母的上半身是一团可以任意伸缩的胶状体,水母游动时先张开伞部将水吸入,然后收缩伞部肌肉,将水喷出,靠水的反作用力前进。

一个成年箱水母的触须上有数十亿个毒囊和毒针,足够用来杀死20个人。

## 知识百宝箱

### 预知风暴的水母

水母漂浮在海面上,会受风向、风力和洋流的支配。水母的听力超群,长在"伞"缘处的特殊的"耳朵"能听到风浪引起的次声波,使水母在风浪到来之前就悄悄地隐藏在水下,以免被暴风激起的巨浪击碎。

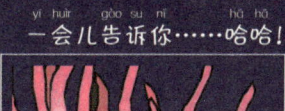

猜猜看是什么动物呢?

一会儿告诉你……哈哈!

# 那些"花儿"

## 热门搜索

**姓　名**：海葵
**家　族**：腔肠动物门－珊瑚虫纲
**直　径**：0.2～150厘米
**体　重**：不详
**寿　命**：可长达300年以上
**分　布**：世界各地的海洋中，以热带海域为主
**特　点**：艳丽夺目，有毒。

海葵口

在海底的岩石上生长着一种四季盛开的"海菊花"，它就是海葵。其实啊，海葵是一种动物。它色彩艳丽，长着许多细长的触手。当触手在水中不停摆动的时候，就像随风拂动的花瓣。

但是当一些被

丛生的海葵

### 无脊椎动物靓丽风云榜

| | |
|---|---|
| 1 水母 | 13 乌贼 |
| 2 海葵 | 14 章鱼 |
| 3 珊瑚虫 | 15 爪鱿 |
| 4 海星 | 16 船蛸 |
| 5 海贝 | 17 蚯蚓 |
| 6 田螺 | 18 涡虫 |
| 7 鹦鹉螺 | 19 水蛭 |
| 8 海绵 | 20 蛞蝓 |
| 9 竹蛏 | 21 |
| 10 蜗牛 | 22 |
| 11 海胆 | 23 |
| 12 | |

第一章
无脊椎动物大集合

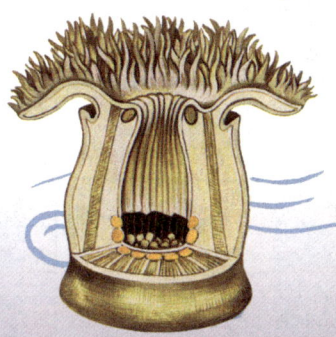

## 知识百宝箱

### 海葵里的小丑鱼

海葵有毒，许多鱼类都不敢接近它。可是有一种不起眼的小鱼——小丑鱼却敢生活在它身边。小丑鱼在海葵中进进出出，一遇到危险就会立即躲进海葵里。当然，它们也会负起清洁打扫之职，为"房东"海葵及时除去泥土、寄生虫和其他杂物。

海葵剖面图

吸引过来的小动物碰到"花瓣"时，便会马上被捉住。原来，海葵触手上的毒刺能够分泌一种毒液，可以把小动物麻醉，受骗的小动物就成了海葵的一顿美餐。

有的海葵还依附在寄居蟹的壳上生活，因为跟着寄居蟹四处走动可以扩大捕食的范围。海葵遇到敌人时，会收缩身体，把触手全部缩进体内。要想海葵恢复原状，就需要等待几个小时。这样，进攻者就会常常失去耐心，很不情愿地离开了。海葵是不是很聪明呢？

## 猜猜看是什么动物呢？

一会儿告诉你……哈哈！

不同种类的海葵,体色一般各不相同。

## 海底花园的建造者

### 无脊椎动物靓丽风云榜

1 水母　2 海葵　3 珊瑚虫　4 海星　5 海贝
13 乌贼　14 章鱼　15 爪鱿　16 船蛸　17 蚯蚓

6 田螺　7 鹦鹉螺　18 涡虫　19 水蛭

8 海绵　9 竹蛏　20 蛞蝓

10 蜗牛

11 海胆

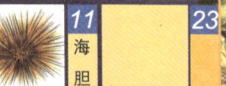
12

### 热门搜索

**姓　名**：珊瑚虫
**家　族**：腔肠动物门　珊瑚虫纲
**直　径**：几毫米到几厘米
**体　重**：不详
**寿　命**：寿命很长，可达千年以上
**分　布**：热带海洋
**特　点**：群体生活，分泌石灰质，骨骼坚硬。

珊瑚虫是生活在热带海洋里的一种小动物，它们过着大家庭的生活，能分泌出角质或石灰质的骨骼。千千万万个珊瑚虫不断分泌出石

石珊瑚

灰质,当它们死后,骨骼就堆积起来,形成了色彩绚丽的珊瑚和珊瑚礁,把海底建造成了一个美丽的大花园。

珊瑚虫长得像个胖乎乎的小口袋,口袋顶部有口,口的周围长满了带有绒毛的触手,触手上的刺细胞能射出有毒的刺丝。珊瑚虫一般都是肉食性的,依靠自己的触手来捕捉食物。

珊瑚虫对生活条件有很高的要求呢!它们生活在拥有足够光照的浅海水域,适宜温度是22℃~32℃,另外还要有较高的盐分和充足的氧气。

## 知识百宝箱

### 海洋玉树——珊瑚

珊瑚体内含有一种特殊的单细胞寄生植物——虫黄藻,它们使珊瑚呈现出五彩缤纷的色泽,珊瑚也因此被称为"海洋玉树"。珊瑚是海洋中不可缺少的生物,珊瑚礁能有效阻止海浪侵袭海岸,并为许多海洋生物提供了优良的生存环境。

猜猜看是什么动物呢?
一会儿告诉你……哈哈!

美丽的海底花园

## "伪装大师"

### 热门搜索

**姓　名**：竹节虫
**家　族**：昆虫纲－竹节虫目
**体　长**：10～50厘米
**体　重**：不详
**寿　命**：成虫约3～6个月
**分　布**：大多生活在热带潮湿地区
**特　点**：体细足长，擅长伪装。

竹节虫是一种长得很像竹子枝的昆虫，也有的长得很像竹叶或树皮。它们有着纤细的腿和长长的触须，是动物世界里著名的伪装大师。竹节虫常常静静地趴在竹枝

竹节虫可以根据周围的环境迅速改变自己的体色。

**无脊椎动物多足风云榜**

| | | |
|---|---|---|
| 1 竹节虫 | | 13 蝗虫 |
| 2 虾 | | 14 独角仙 |
| 3 虾蛄 | | 15 螳螂 |
| 4 海跳虫 | | 16 蟑螂 |
| 5 蜜蜂 | | 17 蝎子 |
| 6 藤壶 | | 18 螃蟹 |
| 7 蚂蚁 | | 19 虱 |
| 8 蜻蜓 | | 20 鲎 |
| 9 蜘蛛 | | 21 衣鱼 |
| 10 瓢虫 | | 22 蜉蝣 |
| 11 蝴蝶 | | 23 |
| 12 | | |

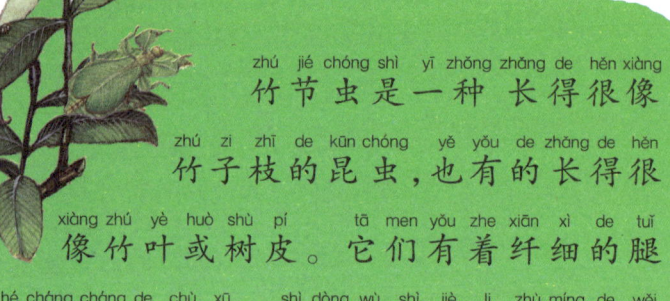

上一动不动,看上去就像一节枯枝,让敌人无法分辨。装死也是竹节虫的本领之一,在受到惊吓时,它们会立即坠落在草丛中,以假死来逃避灾难。

竹节虫中雄性一般都有翅膀,而雌性则没有翅膀。竹节虫的翅膀非常靓丽,当它飞起来时,突然闪动的彩光会迷惑敌人。但这种彩光只是一闪而过,当竹节虫着地后收起翅膀时,它就突然消失了。这也是许多昆虫逃跑时使用的一种方法,被称为"闪色法"。

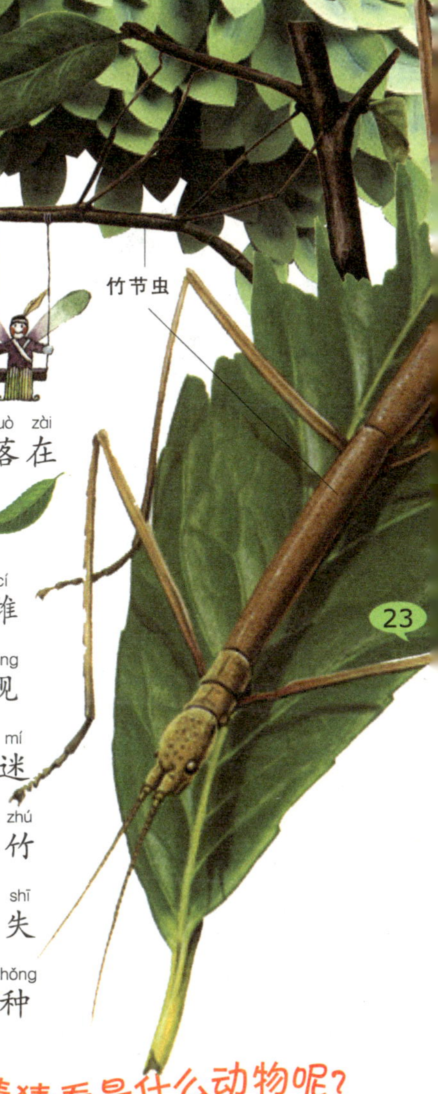

竹节虫

猜猜看是什么动物呢?
一会儿告诉你……哈哈!

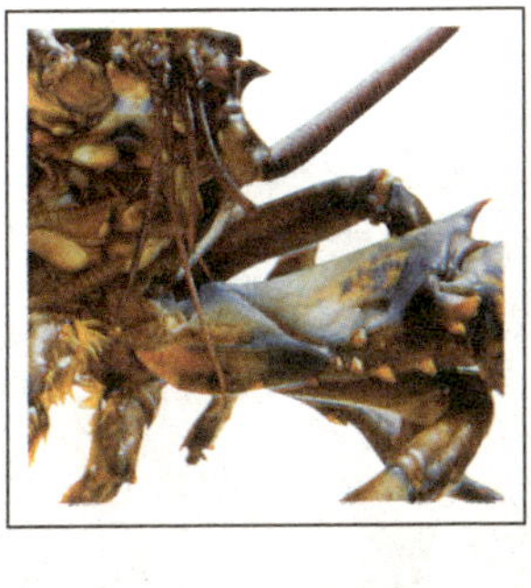

## 知识百宝箱

### 没有爸爸的竹节虫

竹节虫产卵的方式很特别,一粒粒卵像小手榴弹一样被散播在树枝上。这些卵到第二年的春天才会孵化。有些雌竹节虫不需要与雄虫交配就能产卵,生下无父的后代,幼小的竹节虫也就没有爸爸了。

## 海底的米诺斯迷宫

### 热门搜索

姓　名：虾
家　族：节肢动物门－甲壳纲
体　长：几毫米～30厘米
体　重：4～1000克
寿　命：1～2年
分　布：全世界的海洋、河流、湖泊
特　点：长有硬壳、触须。

虾是江河湖海中常见的一种动物，是由很多成员组成的一个大家族，虾蛄就是其中的一员。虾蛄常常在夜晚埋伏在海底捕食，它会辛辛苦苦地从远处搬来沙石，在自己居住的洞穴旁修建迷宫一样的通道。一些海底动物经常在迷宫内迷路，中了虾蛄的埋伏呢！

虾的一生

卵　无节幼体　小蚤状体　幼虾

## 第一章 无脊椎动物大集合

### 知识百宝箱

#### 海中"虾医生"

在热带海域中生活着一种专司清洁工作的虾——清洁虾,它们以鱼类身上的死皮和寄生虫为食。这些"虾医生"对鱼类的健康十分有利,因此不管多么凶恶的鱼在它们面前都会心甘情愿地接受检查和治疗呢!

虾长着坚硬的外壳和细长的触须,因此被称为"海洋里的昆虫"。虾的细长触须是身体长度的两倍,用来感知周围的水体情况,胸部强大的肌肉有利于长途洄游。腹部的尾扇可用来控制身体的平衡,也可以反弹后退。

虾会定期换壳,它能准确推断出月亮运行的周期,选择在新月之夜换壳。因为虾刚刚换上的新"衣服"非常柔软,容易被攻击,而新月之夜天空漆黑,可以保护它们。

大型的虾只有在海中才有。

猜猜看是什么动物呢?

一会儿告诉你……哈哈!

虾

## 勤劳的小蜜蜂

**无脊椎动物多足风云榜**

### 热门搜索

**姓　名**：蜜蜂
**家　族**：膜翅目－蜜蜂科
**体　长**：可达6厘米
**体　重**：工蜂重0.082克，蜂王重0.25～0.3克
**寿　命**：蜂后长达5年，工蜂为1个月
**分　布**：除南北极以外的世界各地
**特　点**：群体生活，分工明确，勤劳。

春天来了，百花盛开，勤劳的小蜜蜂又开始了它的采蜜生活。它们在花丛中飞来飞去，一边飞，一边采花蜜。蜜蜂辛勤地劳动着，让花儿结出了丰满的果实，还酿出了甜美的蜜。在昆虫王国里，最勤劳的就要属蜜蜂了，它们一生都是这样辛勤度过的！

蜜蜂采集的花粉富含维生素和氨基酸。

蜜蜂是昆虫世界里一个有组织的大家庭。在蜜蜂王国里，有蜂后、雄蜂和工蜂三种。它们分工明确、团结一致，共同维持着群体的生活。蜂后产卵，雄蜂专管与蜂后交配，工蜂最辛苦，肩负着采蜜、清扫、喂养幼蜂等许多工作。

如果一只小蜜蜂发现了蜜源，它要怎样告诉其他的伙伴呢？原来呀，小蜜蜂们是靠跳舞来通知伙伴的。不同的舞蹈表示不同的意思，当蜜源在附近时，蜜蜂就跳圆圈舞，当距离蜜源较远时就跳"8"字舞。

花蜜在远处时，蜜蜂跳"8"字舞。

花蜜在近处时，蜜蜂跳圆圈舞。

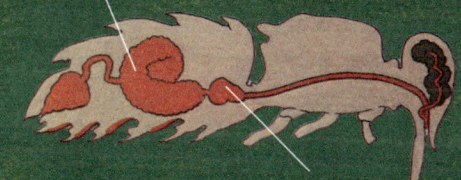

花粉在肠里消化。

蜜蜂的内部结构

蜜囊储存花蜜。

猜猜看是什么动物呢？

一会儿告诉你……哈哈！

## 知识百宝箱

### 天才设计师

蜜蜂是社会性的昆虫，一个蜂巢可以聚集数万只蜜蜂。蜜蜂是筑巢的天才设计师，它们所建的巢十分奇妙。蜂巢是由许多六角形的柱状小室组成的，这种正六角形的蜂房容量大，是最经济的形状呢。

# 昆虫中的"大力士"

**无脊椎动物多足风云榜**

| | |
|---|---|
| 1 竹节虫 | 13 蝗虫 |
| 2 虾 | 14 独角仙 |
| 3 虾蛄 | 15 螳螂 |
| 4 海跳虫 | 16 蟑螂 |
| 5 蜜蜂 | 17 蝎子 |
| 6 藤壶 | 18 螃蟹 |
| 7 蚂蚁 | 19 虱 |
| 8 蜻蜓 | 20 鲎 |
| 9 蜘蛛 | 21 衣鱼 |
| 10 瓢虫 | 22 蜉蝣 |
| 11 蝴蝶 | 23 |
| 12 | |

## 热门搜索

**姓　名**：蚂蚁
**家　族**：膜翅目—蚁科
**体　长**：0.2～2.5厘米
**体　重**：0.02～0.26克
**寿　命**：数星期或数十年
**分　布**：全球各地，热带地区更常见
**特　点**：群体生活，分工明确，力气大。

蚂蚁们合力搬运食物回巢。

蚂蚁是昆虫中的大力士，它能搬动超过自己体重50倍的东西前进。它的力量是从哪儿来的呢？蚂蚁爪上的肌肉是一个效率很高的"发动机"，能产生相当

## 知识百宝箱

### 冒牌蚂蚁

白蚁常被人们误认为是蚂蚁的一种，其实它们和蚂蚁属于不同种类的昆虫。不过，它们像蚂蚁一样群居于巢穴中，也有明确的分工。它们的巢奇形怪状，有的高达数米，通常是由白蚁用唾液拌着泥土搭建而成的。

大的力量。依靠强大的"发动机"，蚂蚁就成了大力士。

蚂蚁大家庭组织严密，分工很明确。每只蚂蚁都尽职尽责，而且团结协作。蚁群中多数工蚁主要负责挖洞筑巢、寻找食物、照顾蚁后和幼虫等，强壮的兵蚁则负责保护蚁巢免遭侵袭。

蚂蚁会不会迷路呢？当然不会啦，因为它们会根据太阳的位置和光线辨认回巢方向，还可以依靠自己在爬过时留下的特殊气味认路，还有一些蚂蚁可以根据道路上的天然气味返回巢穴。

白蚁巢内纵横交错的管道能让空气得以流通。

每种蚂蚁都分为雌蚁、雄蚁、工蚁和兵蚁，雌蚁和雄蚁有翅，工蚁和兵蚁没有。

猜猜看是什么动物呢？

一会儿告诉你……哈哈！

## "捕蚊高手"完全攻略

无脊椎动物多足风云榜

1. 竹节虫
2. 虾
3. 虾蛄
4. 海跳虫
5. 蜜蜂
6. 藤壶
7. 蚂蚁
8. 蜻蜓
9. 蜘蛛
10. 瓢虫
11. 蝴蝶
12.
13. 蟋蟀
14. 独角仙
15. 螳螂
16. 蟑螂
17. 蝎子
18. 螃蟹
19. 虱
20. 鲎
21. 衣鱼
22. 蜉蝣
23.

### 热门搜索

姓　名：蜻蜓
家　族：蜻蜓目－差翅亚目
体　长：2～20厘米
体　重：不详
寿　命：成虫不超过一年
分　布：除南北极之外的世界各地
特　点：善于飞行，是知名的捕蚊高手。

蜻蜓是一个优秀的捕蚊高手。它头顶上长着一双亮晶晶的大眼睛。在飞行时，蜻蜓能够看清身体周围和下方的一切物体，从而捕捉到各种小飞虫。

蜻蜓将卵产在水中或水草上。

# 第一章 无脊椎动物大集合

蜻蜓就像一架小飞机，具有很强的飞行能力，被称为昆虫界的"飞行家"。蜻蜓像人类制造的直升飞机一样，在空中做出各种惊险而漂亮的动作。有些蜻蜓能连续飞行几千万千米。

蜻蜓还是一个合格的"天气预报员"。如果它们成群地在空中低飞，则表明大雨就要来临。这时，许多虫子因为空气湿度大而不能高飞，正是蜻蜓饱餐一顿的好时机呢！

## 知识百宝箱

### 蜻蜓点水之谜

你看到过蜻蜓点水吗？要知道，蜻蜓可不是在玩耍，它们是在为繁殖下一代而忙碌。蜻蜓开始产卵时，要一次次把尾部插入水中，每点一次就会产一些卵。蜻蜓的卵要在水里孵化，幼虫也在水里生活，以蚊子的幼虫或小鱼为食。

小蜻蜓要经过多次蜕皮才能长出翅膀。

猜猜看是什么动物呢？

一会儿告诉你……哈哈！

## "八卦将军"

### 热门搜索

**姓　名**：蜘蛛
**家　族**：蛛形纲－蜘蛛目
**体　长**：从针头大小到25厘米
**体　重**：不详
**寿　命**：平均约2、3年
**分　布**：除极地以外的世界各地
**特　点**：会织网，依靠蛛网振动捕食。

"南阳诸葛亮，稳坐中军帐。排起八卦阵，单捉飞来将。"这个谜语猜的是哪种动物呢？当然是蜘蛛啦！许多蜘蛛通过织"军帐"来捕捉昆虫。蜘蛛通过尾部

无脊椎动物多足风云榜

1 竹节虫
2 虾
3 虾蛄
4 海跳虫
5 蜜蜂
6 藤壶
7 蚂蚁
8 蜻蜓
9 蜘蛛
10 瓢虫
11 蝴蝶
12
13 蝗虫
14 独角仙
15 螳螂
16 蟑螂
17 蝎子
18 螃蟹
19 虱
20 鲎
21 衣鱼
22 蜉蝣
23

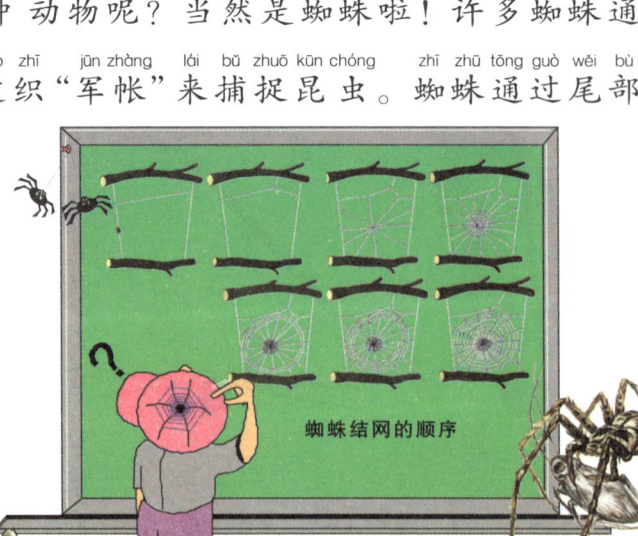

蜘蛛结网的顺序

## 第一章 无脊椎动物大集合

的吐丝器挤出丝来。刚吐出来的蛛丝是液状的,但在空气中很快就变硬了。织好网后,蜘蛛就静静地等着猎物掉入陷阱。

蜘蛛长着八只眼睛,但却高度"近视",几乎看不见东西。它们完全靠蛛网来感知外部信息,也就是依据蛛网振动频率的高低来判断网上猎物的位置和死活。如果小动物掉入网中后装死不动,就可以逃脱被吃掉的命运。

有些蜘蛛不用蛛网来捕食:有的在地面上追赶虫子;有的建造地道抓住猎物;有的还用毒液来麻痹、杀死猎物,个别蜘蛛的毒液甚至能把人毒死。

山鬼蜘蛛

能分泌毒液的捕鸟蛛

猜猜看是什么动物呢?

一会儿告诉你……哈哈

### 知识百宝箱
**在天花板上散步的蜘蛛**

你见过蜘蛛飞快地在天花板上行走吗?为什么它们不会掉下来呢?原来,蜘蛛脚上布满了黏性极强的刚毛,这些刚毛总共约有6万根。当蜘蛛处于倒悬状态,且所有刚毛都与接触面密切接触时,它们能够黏住相当于自身体重173倍的物体。

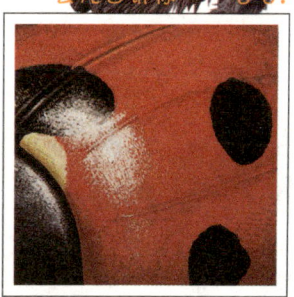

## "七星警察"

### 无脊椎动物多足风云榜

1. 竹节虫
2. 虾
3. 虾蛄
4. 海跳虫
5. 蜜蜂
6. 藤壶
7. 蚂蚁
8. 蜻蜓
9. 蜘蛛
10. 瓢虫
11. 蝴蝶
12. 
13. 蝗虫
14. 独角仙
15. 螳螂
16. 蟑螂
17. 蝎子
18. 螃蟹
19. 虱
20. 蚕
21. 衣鱼
22. 蚱蜢
23. 

### 热门搜索

**姓　名**：瓢虫
**家　族**：鞘翅目－瓢虫科
**体　长**：0.8～1厘米
**体　重**：不详
**寿　命**：几个星期～1年多
**分　布**：几乎遍部全世界
**特　点**：外表漂亮，大多捕食害虫。

瓢虫和它的食物

瓢虫是人们常见的一种昆虫，大部分瓢虫能帮助人们防治害虫，其中我们最熟悉的就是七星瓢虫了。七星瓢虫色彩艳丽，背上有七个黑色的斑点，它是专门捕食害虫、保护农作物的好"警察"呢！一只七星瓢虫平均每天能吃掉138只蚜虫，是人类的好帮手。

## 第一章 无脊椎动物大集合

### 知识百宝箱

**脱逃有术**

瓢虫在遇到敌人时怎样逃生呢？它们自有一套绝技。瓢虫鲜艳的外衣能吓退不少天敌。当其他昆虫要捕食它们时，它们会紧缩着脚掉落地面，而且长时间不动——装死。另外，瓢虫还会分泌出难闻的气味熏走敌人呢！

瓢虫身上的斑纹不仅漂亮，还能显示出它的年龄。瓢虫刚刚变为成虫的时候，外壳是浅黄色或淡红色的，慢慢地才显现出黑色的斑纹。因此看看瓢虫的颜色，我们就能知道它们谁大谁小了。

瓢虫有着集体迁飞的习性。每年五六月间，我国北方地区都会有成群的瓢虫聚集起来，有时候局部的海岸被密密麻麻的瓢虫覆盖，使海岸看起来都变成淡红色的了。

七星瓢虫以蚜虫为主食。

猜猜看是什么动物呢？
一会儿告诉你……哈哈！

中国儿童百科全书
之 动物王国

**无脊椎动物多足风云榜**

| 1 竹节虫 | 13 蝗虫 |
| 2 虾 | 14 独角仙 |
| 3 虾蛄 | 15 螳螂 |
| 4 海跳虫 | 16 蟑螂 |
| 5 蜜蜂 | 17 蝎子 |
| 6 藤壶 | 18 螃蟹 |
| 7 蚂蚁 | 19 虱 |
| 8 蜻蜓 | 20 蚕 |
| 9 蜘蛛 | 21 衣鱼 |
| 10 瓢虫 | 22 蜉蝣 |
| 11 蝴蝶 | 23 |
| 12 | |

# 蝴蝶飞呀
hú dié fēi ya

## 热门搜索

**姓 名**：蝴蝶
**家 族**：昆虫纲－鳞翅目
**翅展长**：1～29厘米
**体 重**：不详
**寿 命**：几个星期
**分 布**：除南极洲之外的各大洲
**特 点**：成虫和幼虫的相貌差别很大。

蝴蝶是一种非常美丽的昆虫，它们的翅膀上覆盖着很多鳞片，这些鳞片相互交错，形成了五彩缤纷的颜色和各种图案。

菜粉蝶的一

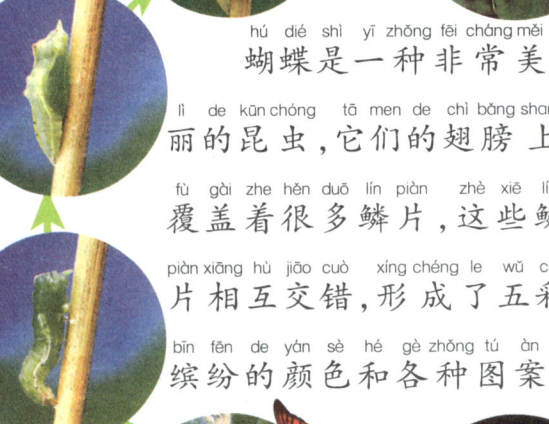

## 第一章 无脊椎动物大集合

春暖花开的时候,各种各样的蝴蝶在花丛中扇动着美丽的翅膀,翩翩起舞。它们体态优美,颜色艳丽,群飞的蝴蝶犹如一片彩云般美丽。

蝴蝶不是生来就那么漂亮的,小时候的它们可是外表丑陋的毛毛虫。蝴蝶从小到大要经过四次改变。开始的时候,蝴蝶只是一个小虫卵,之后虫卵孵化成以植物为食的毛毛虫。冬天时毛毛虫变成蛹,春天到来的时候,蝴蝶就会从蛹里飞出来了。

蝴蝶的成虫一般以花粉和花蜜为食。

### 知识百宝箱

#### 浪漫蝴蝶恋

蝴蝶谈恋爱的方法很特别,"恋爱"期间的蝴蝶会借助于光信号来"约会"。它们身上有一个非常敏感的"光感受器",用以发射和接收"赴约"的信号。此外,有的蝴蝶还能借助身上的香味表达自己的爱慕之情。这是不是很浪漫呢?

**猜猜看是什么动物呢?**

一会儿告诉你……哈哈!

# 第二章 自游自在的鱼类大家族

五亿年前，鱼形动物的诞生揭开了脊椎动物史的序幕。鱼的种类很多，包括软骨鱼和硬骨鱼两大类。它们的身体一般都是扁扁的，有鳞和鳍，用鳃来呼吸。

生活在水里的鱼类可不像人类一样需要用空调，因为它们的体温会随外界温度的变化而变化。鱼类个个都是"游泳健将"，它们为适应水中环境而练就的特殊生存技能堪称一绝。不仅如此，它们中个别种类甚至还有较高的智慧呢。你想不想和这些水中的精灵一起畅游呢？

## 海上"死神"

**鱼类体长风云榜**

1. 鲨鱼
2. 虹鱼
3. 鲟
4. 旗鱼
5. 鳗
6. 狗鱼
7. 海鳝
8. 鹦鹉鱼
9. 鲑鱼
10. 腔棘鱼
11. 肺鱼
12. 
13. 鲤鱼
14. 红鳟
15. 食人鱼
16. 鲱
17. 金鱼
18. 蓑鲉
19. 海马
20. 蝴蝶鱼
21. 弹涂鱼
22. 
23. 

### 热门搜索

姓　名：鲨鱼
家　族：软骨鱼纲－鲨形总目
体　长：1～25米
体　重：最重可达40吨
寿　命：25年以上
分　布：海洋，大部分栖息在热带海域
特　点：大型食肉性软骨鱼，嗅觉灵敏，性情凶残。

鲨鱼没有鱼鳔，调节沉浮主要靠肝脏来完成，但这并不妨碍它成为海上霸王。鲨鱼大都性情凶猛，有时还会袭击人，所以，鲨鱼常被称作"海上死神"。但实际上，只有极少数的鲨鱼会主动攻击人类。

鲨鱼的食性很广

← 鼻孔

数排并列的牙齿

可怕的大鲨鱼

第二章
自游自在的鱼类大家族

臀鳍　　　　　　　　　腮孔　喷水孔
有裂缝
尾鳍　　骨头是软的　　　　胸鳍　　鲨鱼的身体

泛，什么都吃，它们甚至能吃下皮靴、钢盔等无法消化的东西。但鲨鱼的牙齿没有牙根，所以每回吃东西的时候，总会有牙齿掉下来。不过前面的牙齿一旦脱落，后面的备用牙就会移到前面，接替掉了的牙。

鲨鱼的嗅觉特别敏锐，对水中的血腥味尤其敏感。此外，鲨鱼还能根据气味分辨敌友。

白鲨，又称食人鲨。

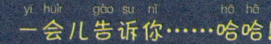

猜猜看是什么动物呢？

一会儿告诉你……哈哈！

### 知识百宝箱

**鲨鱼的克星——萤火虫**

鲨鱼再凶猛也是有天敌的。科学家们发现，如果将萤火虫身上的某些物质放入养鲨鱼的池内，在几分钟之内，鲨鱼就会不安地蠕动起来，想溜走，但却游不动，一会儿就翻起肚皮死了。这究竟是怎么一回事？目前还是个谜。

# 长嘴游泳冠军

### 鱼类体长风云榜

1. 鲨鱼
2. 虹鱼
3. 鲟
4. 旗鱼
5. 鳗
6. 狗鱼
7. 海鲢
8. 鹦鹉鱼
9. 鲑鱼
10. 腔棘鱼
11. 肺鱼
12. 
13. 鲤鱼
14. 红鳟
15. 食人鱼
16. 鲱
17. 金鱼
18. 蓑鲉
19. 海马
20. 蝴蝶鱼
21. 弹涂鱼
22. 
23. 

## 热门搜索

**姓　名**：旗鱼
**家　族**：硬骨鱼纲—鲈目—旗鱼科
**体　长**：200～300厘米
**体　重**：20～200千克
**寿　命**：不详
**分　布**：印度尼西亚至太平洋中部诸岛，日本南部
**特　点**：生性凶猛，上颌像剑一样向前突出，第一背鳍柔软高大，是游泳速度最快的鱼。

旗鱼是一种大型鱼类，体长达2米~3米，近似圆筒形。旗鱼的第一背鳍又长又高，像船；第二背鳍却又短又低。它的上颌像剑一样向前突出，几乎占了它身体长度的1/3。长长的上颌可以刺死敌人，也可以帮它捕捉猎物。

### 知识百宝箱

**乱冲乱撞的旗鱼**

旗鱼是肉食性鱼类，生性凶猛，常常闯进其他鱼类的队伍里。它用剑一样的长嘴东砍西刺，用剪刀般的尾鳍左击右摆，身边的鱼很快就被它们撕扯得遍体鳞伤，成了它的盘中餐。

## 第二章 自游自在的鱼类大家族

动物中的游泳冠军非旗鱼莫属了。

人们曾经观察、记录到旗鱼在海中游泳的时速达110千米。旗鱼在辽阔的海洋里常急游如飞,最快的游速每小时可超过120千米,比轮船快3~4倍。

旗鱼在海中漫游时,会把背鳍露出水面,像渔船的帆一样。需要加速时,旗鱼就把背鳍藏在后背的凹沟里,同时旗鱼长剑般的大嘴把水很快地拨向两旁,这样它就能像离弦的箭一样飞速前进了。当它需要放慢速度时,就将背鳍展开,增加阻力。旗鱼不但动作敏捷,也很聪明。被鱼钩钩住时,旗鱼会迅速朝水平方向游,然后用力跳跃并马上回转身体,这样鱼钩就被它甩掉了,从而逃过一劫。

雨伞旗鱼

猜猜看是什么动物呢?

一会儿告诉你……哈哈!

旗鱼用长嘴巴搅乱小鱼群,然后乘乱捕食小鱼。

# 爱耍花招的狗鱼

### 热门搜索

**姓　名**：狗鱼
**家　族**：硬骨鱼纲－鲑形目－狗鱼科
**体　长**：70～250厘米
**体　重**：0.2～40千克
**寿　命**：一般30～70年，最长可达200年以上
**分　布**：北半球温带到寒带的河流或湖泊
**特　点**：口大而扁平，下颚突出，牙齿锐利，视觉差，行动迅速，生性凶猛，狡猾，贪婪。

在淡水鱼中，狗鱼可算是最狡猾最凶残的家伙了，它总是静静地藏在水草中。小鱼游过来时，它就会用尾巴使劲把水搅浑，让对方看不到自己，然后一动不动地等着小鱼游到近处，就突然一口把小鱼咬住，而且咬住后决不松口。

### 知识百宝箱

#### 贪吃的狗鱼

狗鱼很贪吃，有时一天可以吃掉和自己体重相等的食物。它们不光吃鱼，还吃青蛙和幼鸟。吃剩的东西就挂在牙齿上，留着下次享用。

**鱼类体长风云榜**

1. 鲨鱼
2. 虹鱼
3. 鲟
4. 旗鱼
5. 鳗
6. 狗鱼
7. 海鲢
8. 鹦鹉鱼
9. 鲑
10. 腔棘鱼
11. 肺鱼
12. 
13. 鲤鱼
14. 红鳟
15. 食人鱼
16. 鲱
17. 金鱼
18. 蓑鲉
19. 海马
20. 蝴蝶鱼
21. 弹涂鱼
22. 
23. 

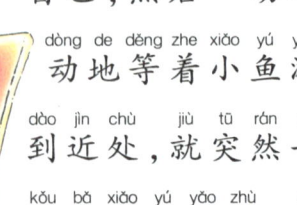

## 第二章 自游自在的鱼类大家族

狗鱼的行动异常迅速、敏捷，每小时能游8千米以上。狗鱼长着满满一嘴尖尖的牙齿，长在前面的牙齿很小，当它捉到食物的时候，会用这些又细又密的牙齿慢慢咀嚼。而它嘴两边的牙齿长得比较大，这些牙齿向里倾斜着，所以小鱼一旦被咬住就很难逃走了。狗鱼还具有十分灵敏的视觉，能灵敏而迅速地感应到猎物。狗鱼的另一个特别之处在于，雌狗鱼较之雄狗鱼更为凶残。

狗鱼的牙齿

狗鱼和它的食物

鱼
野鸭
山椒鱼
老鼠

猜猜看是什么动物呢？

一会儿告诉你……哈哈！

# 鹦鹉鱼自制睡衣

### 热门搜索

**姓　名**：鹦鹉鱼
**家　族**：硬骨鱼纲－鲈目－鹦鹉鱼科
**体　长**：30～200厘米
**体　重**：4千克左右
**寿　命**：不详
**分　布**：热带或亚热带珊瑚礁
**特　点**：色彩艳丽，有坚固的牙齿，夜晚分泌黏液裹住身体，在固定地点睡觉。

在热带海洋的珊瑚礁中生活着一种色彩艳丽的热带鱼。它们身上有绿莹莹、黄灿灿的斑斓色彩，就像鹦鹉的漂亮外衣。它们的嘴里有很多细小的牙齿，很像鹦鹉的嘴，所以这种鱼被称为鹦鹉鱼。

每当夜幕降临，鹦鹉鱼就会分泌出一种

鹦鹉鱼的睡衣可用来躲避鲸等天敌的攻击。

## 第二章 自游自在的鱼类大家族

**猜猜看是什么动物呢?**

一会儿告诉你……哈哈!

……黏液,形成晶莹透亮的袋子,把自己全身上下严严实实地裹起来,就像穿上了一件漂亮的"睡衣"。天亮时,鹦鹉鱼又分泌出另一种黏液,将睡衣"溶解"得一干二净。于是,鹦鹉鱼平平安安地休息了一夜之后,又无拘无束地游走了。

钝头鹦鹉鱼

珊瑚　海胆　海草

鹦鹉鱼的食物

### 知识百宝箱

**冒死救同伴**

鹦鹉鱼是团结互助的鱼,一旦有伙伴遇到危险,其他鱼就会赶去帮忙。如果同伴被鱼钩钩住,其他鹦鹉鱼就会咬断鱼线,冒险救出同伴。要是有谁被捕鱼的筐围住了,其他的鹦鹉鱼就会用牙咬住它的尾巴,把它从筐缝中拉出来。

彩虹鹦鹉鱼

蓝点鹦鹉鱼

卵头鹦鹉鱼

# 鲑鱼回家

## 热门搜索

**姓　名**：鲑鱼
**家　族**：硬骨纲－鲑目－鲑科
**体　长**：15～200厘米
**体　重**：可达15千克
**寿　命**：3～4年
**分　布**：北半球温带地区的海洋、湖泊和河流
**特　点**：种类、数量极多；属于洄游鱼，会为了产卵而游回出生地。

不畏艰险的鲑鱼

鲑鱼又叫大马哈鱼，以肉质鲜美、营养丰富著称于世。鲑鱼出生在淡水河中，它们出生后会游向大海，在海中自由地生活好几年。但当鲑鱼需要生育后代时，它们一定会回自己的出生地产卵，最后死在那里。

鲑鱼回家的路途十分遥远，还需要逆流而上。在这段旅途中，鲑鱼会遇到瀑

布、水坝的阻挡，有时还会遭到熊的捕杀。但是它们毫不退缩，哪怕遍体鳞伤，也要向着家乡的方向游，直到目的地。

鲑鱼返乡后，就马上寻找产卵的场所。产卵前，雌鲑鱼先用肚子清除河底的淤泥和杂草，做一个舒适的圆形产床。准备就绪后，它才安心产卵。由于鲑鱼太累了，等不到自己的小宝宝孵化出来，它们的生命就结束了。孵化出的小鲑鱼就是以死去的爸爸妈妈为食而长大的。

来自河流的小鲑鱼在大海里生活3~4年后，就会长成1米左右的成鱼。

## 知识百宝箱

### 神奇的嗅觉

鲑鱼长大后一直生活在海洋里，它们是怎样记住远在千里之外的出生地的呢？科学家发现，鲑鱼会记住故乡的水的味道。当鲑鱼洄游时，总能闻到从出生地飘下来的它所熟悉的气味，所以它们从不迷路。

猜猜看是什么动物呢？
一会儿告诉你……哈哈！

# 欺软怕硬的鮟鱇鱼

## 热门搜索

姓　名：鮟鱇鱼
家　族：硬骨鱼纲－鮟鱇目－鮟鱇科
体　长：一般40～60厘米,最长可达200厘米
体　重：300～800克
寿　命：不详
分　布：北太平洋西部,中国东海北部以及黄海
特　点：头大扁平,有会发光的触须,食量大,繁殖能力强。

各种各样的鮟鱇鱼

海洋中生活着一种鮟鱇鱼,它有宽阔的大嘴巴,嘴里上下两排牙齿既长又尖,无比锋利。捕食时,鮟鱇鱼的嘴巴张得更大,是平常的12倍,并能以极快的速度一口将猎物吞到肚子里。

鮟鱇鱼的体色能随周围环境色彩的变化而变化,它的头上长着一些会发光

第二章
自游自在的鱼类大家族

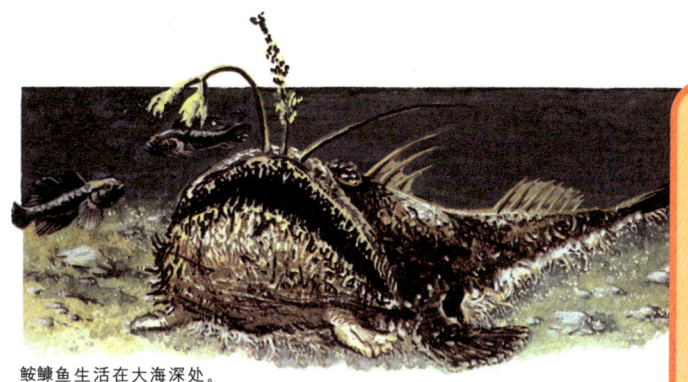

鮟鱇鱼生活在大海深处。

### 知识百宝箱

#### 懒惰的丈夫

雄性鮟鱇鱼是海洋动物里最懒惰的丈夫。它一旦找到合适的对象，就会毫不犹豫地用牙齿死死咬住"妻子"的身体，依附在雌性鮟鱇鱼身上，与它合二为一，专靠吸"妻子"身体里的血液来生活。这样一来，雄性鮟鱇鱼就成了依附雌性鮟鱇鱼的大"懒汉"。

的触须。饥饿时，鮟鱇鱼就静静地呆在一处，用钓竿一样的触须吸引小鱼小虾上钩。鮟鱇鱼无论大小都十分贪吃，有时甚至会吃掉自己的同类。

鮟鱇鱼是欺软怕硬的，当遇到一些凶猛的鱼类时，鮟鱇鱼就不敢和它们正面作战了。它会迅速地把自己发光的"钓竿"塞回嘴里，趁着黑暗转身就逃。凶猛的大鱼在黑暗中看不到鮟鱇鱼，也只好离去了。

鮟鱇鱼有时会攻击在海面上休息的海鸟。

**猜猜看是什么动物呢？**
一会儿告诉你……哈哈！

# 鲤鱼跳龙门

### 热门搜索

**姓　名**：鲤鱼
**家　族**：鱼纲－鲤形目－鲤科
**体　长**：70～150厘米
**体　重**：0.8～12千克
**寿　命**：50年
**分　布**：除大洋洲、南美洲外的世界各地
**特　点**：性情温顺，和平友爱，嘴部特别发达，是繁殖最多最快的鱼之一。

为什么会有鲤鱼"跳龙门"的传说呢？这是因为鲤鱼本来就很活泼，特别是在傍晚时，它们最爱跳出水面。另外，鲤鱼快要产卵的时候，也会变得十分高兴，常常跳出水来。古时候的人们认为这是吉祥之兆，所以就有"鲤鱼跳龙门"这句喜庆话了。

第二章
自游自在的鱼类大家族

鲤鱼和它的食物

## 知识百宝箱

### 鲤鱼的"年轮"

大自然中，不仅树木有年轮，鱼类也有"年轮"。鲤鱼的鳞片上有许多同心圆，这就是它的"年轮"。这些同心圆是由于鲤鱼在不同季节的生长速度不同而形成的。只要数一下鱼鳞上同心圆的数目，就知道鲤鱼有多少岁了。

鲤鱼的食性很杂，包括田螺、昆虫幼虫以及许多水生植物。在鲤鱼集中的地方，人们常可以听到"嚓嚓"的声音，那是鲤鱼用口腔深处的咽喉齿研磨食物的声音。

鲤鱼的性情很温顺，不会以大欺小，以强凌弱。到了冬天，它们就不再常常跳出水面，而是成群地隐藏在水底的泥土或腐叶中，安静地度过寒冷的冬天。

猜猜看是什么动物呢？
一会儿告诉你……哈哈！

肤色艳丽的锦鲤

# 可怕的食人鱼

## 热门搜索

姓　名：食人鱼
家　族：硬骨鱼纲－鲤鱼目－齿鲤科
体　长：20～60厘米
体　重：不详
寿　命：不详
分　布：中美洲、南美洲及非洲的淡水中
特　点：牙齿尖锐，性情凶残，群居生活。

**鱼类体长风云榜**

| | |
|---|---|
| 1 鲨鱼 | 13 鲤鱼 |
| 2 𫚉鱼 | 14 红鳟 |
| 3 鲟 | 15 食人鱼 |
| 4 旗鱼 | 16 鲱 |
| 5 鳗 | 17 金鱼 |
| 6 狗鱼 | 18 蓑鲉 |
| 7 海鳝 | 19 海马 |
| 8 鹦鹉鱼 | 20 蝴蝶鱼 |
| 9 鲑鱼 | 21 弹涂鱼 |
| 10 腔棘鱼 | 22 |
| 11 肺鱼 | 23 |
| 12 | |

在南美洲亚马孙河流域的一些河流和湖泊中，生活着一种十分凶残的鱼。它们具有高度发达的听觉，两颚短而有力，有三角形的尖锐牙齿，上下互相交错排

食人鱼群体出击。

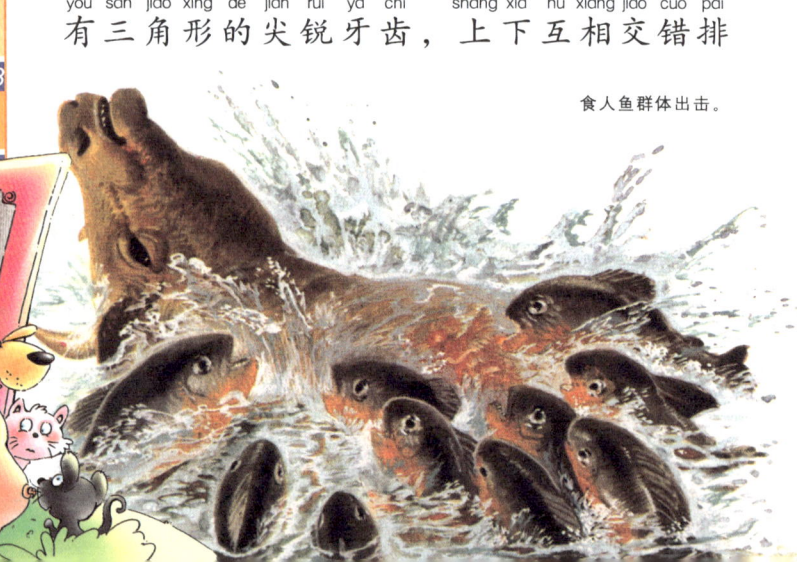

第二章
自游自在的鱼类大家族

列。它们以其他鱼类为食,有时甚至会攻击落入水中的人,因此得名"食人鱼"。

食人鱼的牙齿尖尖的,可以咬穿牛皮和硬邦邦的木板,还能把钢质鱼钩一口咬断。食人鱼常常成百上千地聚集在一起,集体捕食。它们攻击猎物时会紧咬着猎物不放,并用力扭动身体将猎物身上的肉撕扯下来。一旦被咬的猎物出血,闻到血腥味的食人鱼就会变得更加疯狂。因此,即使鳄鱼遇到食人鱼,也会吓得缩成一团,赶紧上岸逃难。

小鱼

哺乳动物

食人鱼和它们的食物

悠闲自得的食人鱼

猜猜看是什么动物呢?

一会儿告诉你……哈哈!

### 知识百宝箱

**对付食人鱼**

许多鱼类用自己的"先进武器"对付食人鱼。比如有些鱼浑身长满了刺,使食人鱼不敢轻举妄动。有些鱼本身带电,可以放出强大的电流,一次能把数十条食人鱼送上"电椅"处死。

# 美丽的"金鳞仙子"

## 热门搜索

**姓　名**：金鱼
**家　族**：鱼纲－鲤形目－鲤科
**体　长**：3～40厘米
**体　重**：不详
**寿　命**：6～7年
**分　布**：亚洲
**特　点**：体色艳丽，姿态曼妙，观赏价值高。

漂亮可爱的金鱼是中国特有的一种鱼，有人还给它起了个好听的名字，叫做"金鳞仙子"。金鱼有红、黄、紫、蓝、黑等很多种颜色，而且它的颜色还会变，它们在夏天变得最快、最明显，到了冬季就不变色了，真

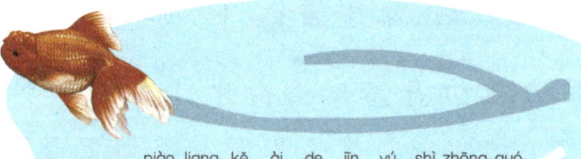

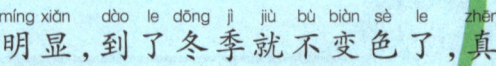

由于突然变异而产生的金鱼品种

## 第二章 自游自在的鱼类大家族

### 知识百宝箱

**不怕冷的金鱼**

在冬天，我们还可以看见金鱼在池塘里游来游去，难道它们不怕冷吗？原来，金鱼的体温会随着外界气温的下降而下降，所以它们根本感觉不到冷。如果它们一直待在超过30℃的水里，它们不但会失去光泽，而且会生病的。

漂亮的像水中的小仙子一样。

漂亮的金鱼其实是由我们常见的鲫鱼演变而来的。在古时候，人们把又肥又短的红鲫鱼家养起来。开始，鲫鱼先由银白色变为红黄色的金鲫鱼，然后经过很长时间的喂养和改良，红黄色金鲫鱼就逐渐变成五颜六色的漂亮金鱼了。

金鱼不仅长得漂亮，而且还有"神功"呢！科学家们发现，金鱼虽然看上去弱不禁风，但即便在缺氧的环境中，它也能生活好几天，这是因为它的体内有一种奇特的"无氧代谢"机制。看，"金鳞仙子"很神奇吧！

**口**：能感觉辣、甜、苦等味。

**眼睛**：无眼睑，始终张开，能区别颜色。

**背鳍**：蛋种鱼中的绒球、水泡眼等品种没有背鳍。

**胸鳍**：左右各一片，相当于陆上动物的前足。

**腹鳍**：左右各一片，相当于陆上动物的后足。

### 猜猜看是什么动物呢？

一会儿告诉你……哈哈！

中国儿童百科全书
之动物王国

## 鱼类的"美眉杀手"

鱼类体长风云榜

1 鲨鱼
2 虹鱼
3 鲟
4 旗鱼
5 鳗
6 狗鱼
7 海鳝
8 鹦鹉鱼
9 鲑鱼
10 腔棘鱼
11 肺鱼
12
13 鲤鱼
14 红鳟
15 食人鱼
16 鲱
17 金鱼
18 蓑鲉
19 海马
20 蝴蝶鱼
21 弹涂鱼
22
23

58

### 热门搜索

姓　名：蓑鲉
家　族：硬骨鱼纲－鲉目－鲉科
体　长：20～30厘米
体　重：100～300克
寿　命：不详
分　布：印度、西太平洋暖水海域
特　点：胸鳍发达，不善游泳，背鳍有毒刺，极具攻击性。

在海底的美丽珊瑚礁中，游弋着一种全身插满了"旗子"的鱼，这就是蓑鲉。它常常展开巨大的扇形胸鳍和镶嵌着美丽花边的背鳍，悠闲地在水中游来游去，那伸展开的鳍条就像火鸡的羽毛，因此有些国家把蓑鲉称为"火鸡鱼"。

潜水员若不小心被蓑鲉的毒刺刺到，会感到剧痛但不至于死亡。

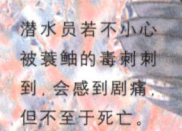

色彩艳丽的蓑鲉之所以能在水中"横行霸道"的畅游,是因为它身上那美丽的、丝带般的长鳍。它的鳍条又长又硬,而且里面藏着像针一样的毒刺,刺里充满了毒液。平常毒刺被一层薄膜包围着,当遇到敌人时,薄膜就会破裂露出毒刺。

蓑鲉是看上去非常美丽、安静的一种鱼,但实际上它很喜欢攻击其他鱼类。只要看到会动的东西,蓑鲉就会展开攻击,很少有鱼类能逃过它的毒刺。因此,蓑鲉被称为鱼类中的"美眉杀手"。

## 知识百宝箱

### 海蝎子

蓑鲉的亲戚——鬼鲉长得很丑陋,体色却很鲜艳。它的毒棘短而粗,毒剧如蝎,俗称海蝎子。鬼鲉常潜伏于岩石缝隙、珊瑚礁、海藻中,体色也会随环境改变。小鱼靠近它时,都逃不过它的毒刺。

猜猜看是什么动物呢?

一会儿告诉你……哈哈!

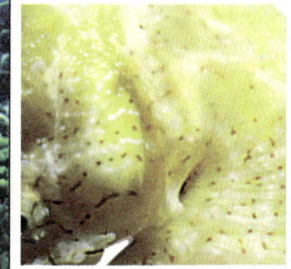

蓑鲉

# 海洋战马

## 热门搜索

**姓　名**：海马

**家　族**：硬骨鱼纲－海龙鱼目－海龙鱼科

**体　长**：15～30厘米

**体　重**：20～50克

**寿　命**：2～5年

**分　布**：热带及暖温带海洋

**特　点**：头部像马,是唯一直立游泳的鱼类；对配偶忠贞。

在一望无际的海洋中,有一种奇特的小动物。它们长着一张长长的管状嘴,高昂着骏马一般的头,一身坚硬的皮肤仿佛刀枪不入的铠甲,就像雄纠纠的海洋战马一样。它们就是珍贵而且奇特的海马。

海马为什么会立着游泳呢？这是因为海马的尾巴又细又长,而且

## 第二章 自游自在的鱼类大家族

### 知识百宝箱

#### 海马变身

海马行动缓慢,所以它们常常藏起来,绝不轻易暴露自己的身份。它们用尾巴把自己固定在海草和珊瑚上,有时还随着环境的变化改变身体的颜色,一会儿是海草色,一会儿是珊瑚色,这样它们就能躲过敌人的追击了。

可以卷起来,这样它就可以用尾巴钩住海草,并借助鳍的力量站在水中了。

在海马的世界里,海马妈妈把卵产在海马爸爸肚子上的育儿袋里面,海马爸爸负责孕育小海马。小海马出生的时候,海马爸爸用尾巴钩住一根结实的海草,来回伸缩身体。同时,育儿袋会开一个小口,小海马就会从这里跳出来。

鳃盖

背鳍

臀鳍

海马的身体构造

猜猜看是什么动物呢?

一会儿告诉你……哈哈!

# 海中变色鸳鸯

## 热门搜索

姓　名：蝴蝶鱼
家　族：硬骨鱼纲－鲈目－蝶鱼科
体　长：12～30厘米
体　重：30～50克
寿　命：不详
分　布：大西洋、印度洋和太平洋的热带和暖温带海域
特　点：体小活泼，体色鲜艳，并可随环境变化而变化，对配偶忠贞，对水温要求高。

在热带海洋的珊瑚礁里，生活着外形漂亮、性情温和的蝴蝶鱼。它们和陆地上的蝴蝶一样，有着缤纷的色彩和美丽的图案。蝴蝶鱼身体表面所含的色素细胞在神经系统的控制下，可以展开或收缩，从而呈现出不同的色彩，使蝴蝶鱼与周围五光十色的珊瑚礁融为一体。

### 鱼类体长风云榜

| # | 鱼 | # | 鱼 |
|---|---|---|---|
| 1 | 鲨鱼 | 13 | 鲤鱼 |
| 2 | 缸鱼 | 14 | 红鳟 |
| 3 | 鳟 | 15 | 食人鱼 |
| 4 | 旗鱼 | 16 | 鲱 |
| 5 | 鳗 | 17 | 金鱼 |
| 6 | 狗鱼 | 18 | 裘鲉 |
| 7 | 海鲢 | 19 | 海马 |
| 8 | 鹦鹉鱼 | 20 | 蝴蝶鱼 |
| 9 | 鲑鱼 | 21 | 弹涂鱼 |
| 10 | 腔棘鱼 | 22 | |
| 11 | 肺鱼 | 23 | |
| 12 | | | |

## 第二章 自游自在的鱼类大家族

许多蝶蝴鱼还有更加巧妙的伪装本领：它们常把自己真正的眼睛藏在头部的黑色条纹之中，而在尾巴或后背留一个非常醒目的"伪眼"。这样它就可以迷惑敌人，保护自己真正的头部不受伤害。

陆地上的鸳鸯总是出双入对，海里的蝴蝶鱼和它们一样，大部分时间都成双成对地在珊瑚丛中追逐、嬉戏，形影不离。

### 知识百宝箱

#### 美丽的热带鱼

热带鱼一般是指生活在热带或亚热带地区的淡水鱼或经过人工培养能在淡水环境中生活的海水鱼。热带鱼的种类很多，大都形态优美、色彩鲜艳。神仙鱼、蝴蝶鱼、金接吻鱼等是其中较为著名的品种。

各式各样的蝴蝶鱼

猜猜看是什么动物呢？
一会儿告诉你……哈哈！

# 会爬树的鱼

## 热门搜索

**姓　名**：弹涂鱼
**家　族**：硬骨鱼纲－鲈科－弹涂鱼科
**体　长**：10～20厘米
**体　重**：20～100克
**寿　命**：1年左右
**分　布**：热带及亚热带近岸浅水区（美洲除外），中国沿海均有分布
**特　点**：胸鳍粗壮，善于攀爬，没有肺部，可在陆地上生存。

如果告诉你鱼儿会爬树，你会不会认为这是天方夜谭？可这是千真万确的。在沿海的滩涂上分布着一些蚕豆大小的洞穴，里面不时探出一个个两眼高高突起的鱼脑袋。它们在没有水的滩涂上蹦蹦跳跳，还经常爬到树上捉昆虫吃，这就是弹涂鱼。它似乎在告诉人们："鱼儿离不

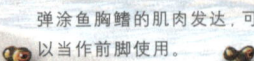

弹涂鱼胸鳍的肌肉发达，可以当作前脚使用。

## 第二章 自游自在的鱼类大家族

**背鳍**
背鳍不仅用于游泳时保持身体平衡，在争夺领地的战争中还能高高竖起。

**眼睛**
弹涂鱼的眼睛高高突起，能灵活地观察周围的动静。

开水这句话可不是对我说的！"

为什么弹涂鱼离开水能够生存呢？原来，弹涂鱼不仅有鳃，而且鳃腔很大，能贮存大量的空气。同时它皮肤上的血管也可以起到辅助呼吸的作用。最有趣的是，弹涂鱼有多个可以呼吸的器官，甚至它的尾鳍也有呼吸功能，所以人们经常看到弹涂鱼把身体的大部分露出水面，而尾鳍留在水中。

弹涂鱼的胸鳍十分粗壮，就像陆地动物的前肢一样，活动自如。因此，在退潮的海岸上，它的胸鳍还可以当作前脚使用。

**胸鳍**
胸鳍基部有一肌柄，是用来在陆地上支撑、爬行、跳跃的器官。

### 知识百宝箱

**捕捉弹涂鱼**

弹涂鱼十分机警，只要稍有动静，它便马上跳入水中或钻入洞中。因此，想要捉住它可不是一件容易的事。所以，人们想出了一个办法：在海滩上埋下向上开口的竹管，当弹涂鱼逃命的时候总是见洞就钻，结果就中了埋伏，成了人们的盘中餐。

**猜猜看是什么动物呢？**
一会儿告诉你……哈哈！

# 第三章 两栖爬行类大家庭

两栖动物是一类既能在水里,又能在陆上生活的脊椎动物,至今已生存了几百万年,地球上现存的约有2400种。两栖动物为变温动物,体外受精,受精卵在水中发育成幼体,幼体用鳃呼吸,发育为成体后,在陆地上生活,用皮肤及肺呼吸。

脊椎动物进化史上,从水生到陆生是一次巨大的飞跃。两栖动物包括蛙类、蟾蜍类、蝾螈、鳗螈和蚓螈五大类:"歌唱家"雨蛙、浑身是宝的蟾蜍、精通"七十二变"的变色龙、断尾逃生的壁虎、"老寿星"——乌龟、"毒药大师"——眼镜蛇、"大嘴怪"——鳄鱼……两栖家族可谓个个身怀绝技呀,让我们一起来认识一下这些人类的好朋友吧!

## 蟾蜍宝贝
### chán chú bǎo bèi

### 热门搜索
### rè mén sōu suǒ

**姓　名**：蟾蜍
**家　族**：两栖纲－无尾目－蟾蜍科
**体　长**：2～25厘米
**体　重**：30克以上
**寿　命**：12年
**分　布**：除澳大利亚和马达加斯加外的世界各地
**特　点**：外表皮肤布满疣，行动笨拙，主要生活在陆地上，药用价值高。

蟾蜍因为长得很丑，皮肤又粗糙，背上还长满了大大小小的疙瘩，所以人们常叫它"癞蛤蟆"。其实，蟾蜍身上满是宝贝：蟾头、蟾舌、蟾肝、蟾胆等都是可以治病的名贵药材，它身上那些丑陋的疙瘩还能分泌出一种白色浆液，可以制成

蟾蜍一般不怕蛇，有时还能把小型的蛇一口吞下。

## 知识百宝箱

### 蟾蜍与青蛙

蟾蜍和青蛙是近亲,不过它们之间可有明显的区别哦。蟾蜍表皮干燥,看上去疙疙瘩瘩的,而青蛙表皮湿润,不仅颜色靓丽,而且十分光滑;蟾蜍的后腿短,以小跳式移动;青蛙的后腿长,跳得比较远。

贵重的药材——蟾酥呢!

说起保护庄稼来,蟾蜍比青蛙还能干呢!白天,蟾蜍藏在阴暗的土洞或草丛中。傍晚,它们就开始在池塘、河岸、田边、菜园或房屋周围活动。蟾蜍拥有超一流的眼力,一旦锁定目标,蟾蜍的长舌就会找准机会将目标迅速吃进肚子里,完成这些动作仅需几秒钟。

蟾蜍是冬眠动物,每当它从冬眠中醒来时,都会蜕一层皮,换一身新"衣服"。

蟾蜍行动笨拙,只能用脚慢慢移动。

猜猜看是什么动物呢?

一会儿告诉你……哈哈!

蟾蜍的食物
蚂蚁
蚯蚓
蜗牛
蝗虫

# 生性残酷的鳄鱼

**两栖爬行类丑星风云榜**

| | |
|---|---|
| 1 蟾蜍 | 13 壁虎 |
| 2 角蛙 | 14 虎螈 |
| 3 铲脚蛙 | 15 饰蜥 |
| 4 钻地蛙 | 16 鬣蜥 |
| 5 鳄鱼 | 17 娃娃鱼 |
| 6 龟 | 18 鳗螈 |
| 7 蝾龟 | 19 箭毒蛙 |
| 8 鳖 | 20 雨蛙 |
| 9 眼镜蛇 | 21 |
| 10 蛇 | 22 |
| 11 蝾螈 | 23 |
| 12 | |

## 热门搜索

**姓　名**：鳄鱼
**家　族**：爬行纲－鳄目
**体　长**：120～700厘米
**体　重**：20～200千克
**寿　命**：100年左右
**分　布**：美洲、非洲、大洋洲、亚洲均有分布
**特　点**：肉食性卵生爬行动物，身体粗重，尾部发达，生性残暴。

你知道吗，鳄鱼是一种非常古老的爬行动物，两亿多年就已经在地球上生活了。鳄鱼身披盔甲，生性残暴，有一张血盆大口，是最丑陋凶残的两栖动物。鳄鱼那身盔

鳄鱼的大嘴巴

甲十分坚硬,只有子弹才能穿透。

鳄鱼的四肢很短,可尾巴却大得出奇。这条大尾巴在陆地上是它行走的拖累,不过在水里,尾巴可是它唯一的游泳器官。这条大尾巴还能帮助它捕食除敌,使它一辈子都能在水中称王称霸。

鳄鱼常常一动不动地潜伏在水里,只露两只眼睛在外面,就像一段烂木头浮在水面上。当猎物靠近时,鳄鱼用尾巴把猎物打入河里,然后活吞下去。

鳄鱼只有晒太阳和产卵时才爬上陆地来,其余时间都在水中生活。

产卵后,母鳄鱼守在卵旁边,寸步不离。

一会儿告诉你……哈哈!

### 鳄鱼吞石

鳄鱼有吞卵石的嗜好,它每年都会吞下一块卵石,而且不会排出体外。因此,想知道鳄鱼的年龄只要数数它肚子里的卵石就知道了。鳄鱼吞石一是为了帮助消化食物,二是为了增加体重,增强它潜水的本领,使它不会被激流冲走。

# 慢性子的龟

## 热门搜索

**姓　名**：龟
**家　族**：爬行纲－龟鳖目－海龟科
**甲　长**：15～240厘米
**体　重**：一般0.75～50千克，最大达100千克以上
**寿　命**：大多数寿命在100年以上
**分　布**：世界各地
**特　点**：行动缓慢，龟甲坚硬，寿命长。

乌龟可是出了名的慢性子！它们不仅走路时一步三摇，就连种群进化的过程都比其他动物要慢得多。龟在地球上已经生活了两亿多年

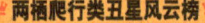

两栖爬行类丑星风云榜

1 蟾蜍
2 角蛙
3 铲脚蛙
4 钻地蛙
5 鳄
6 龟
7 蝻龟
8 鳖
9 眼镜蛇
10 蛇
11 蝾螈
12
13 壁虎
14 虎蜥
15 饰蜥
16 鬣蜥
17 娃娃鱼
18 鳗螈
19 箭毒蛙
20 雨蛙
21
22
23

72

## 第三章 两栖爬行类大家庭

了,和早已灭亡的恐龙是同时代的,可直到今天,龟的身体结构也没发生什么大的变化,考古学家都叫它们"活化石"。

乌龟有一副坚硬的甲壳,动不动就把头和四肢、尾巴都缩在壳里一动不动。乌龟还很能睡懒觉,有的龟既要冬眠又要夏眠,一年要睡上10个月左右。所以,龟的新陈代谢非常缓慢,能量消耗也很少。

龟的性子慢,可寿命却很长,很多都能活到100岁。这是因为龟身体里的细胞可以繁殖很多代。而且,龟的心脏机能也很强,从活龟体内拿出的心脏有的能连续跳动48小时呢。可见,"长寿将军"绝非是浪得虚名啊!

龟没有牙齿,但上颚边缘极为锐利,能很容易咬断食物。

慢吞吞的龟

猜猜看是什么动物呢?

一会儿告诉你……哈哈!

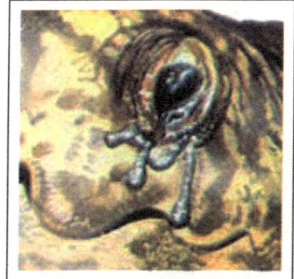

### 知识百宝箱

**识途的海龟**

海龟成年后都要回到它的故乡(出生地)去产卵,为此有时要在大海中旅行2000多千米。为什么海龟每年都能准确无误地找到回家的路呢?因为海龟能够感知地球磁场的方位,并据此确定自己前进的方向,就像带了指南针一样,当然就不会迷路了。

# 流泪的蠵龟

## 热门搜索

**姓 名**：蠵龟
**家 族**：爬行纲－龟鳖目－海龟科
**体 长**：70～140厘米
**体 重**：100千克
**寿 命**：50年以上
**分 布**：大西洋、太平洋和印度洋内温水海域
**特 点**：四肢大且为鳍形，行动迟缓，有泪腺，幼龟存活率低。

有一种生活在海洋里的龟，它的个子大大的，头和四肢也都很大，以至于没法像其他的龟那样缩到壳里去。这种龟叫做蠵龟，每当它们被渔民捕获的时候，就会"吧嗒吧嗒"地流眼泪，看上去可伤心了。难道它真的是因为伤心而落泪吗？

### 知识百宝箱

**海龟宝宝的性别**

是什么决定了海龟宝宝的性别呢？答案是：温度。以绿蠵龟为例，在温度低于28℃的环境里孵化出来的多是雄性，而高于30℃则为雌性。也就是说，海龟宝宝春末秋初孵出多为雄性，夏季则多为雌性。

实际上，蠵龟之所以会一直不停地流泪，是要排出身体内的盐分。因为蠵龟的肾脏不发达，得靠盐腺体排出身体里多余的盐分，而盐腺体长在眼眶下，所以蠵龟即使在海中也是不停流泪的！

在沙滩上孵化出来的幼龟凭着天生的本能爬回海里。

交配季节，蠵龟妈妈要回到它们出生的海滩产卵，它们在产卵前会小心地观察地形，然后才上岸。它们只要开始产卵，就不会停下来，哪怕身边有天大的危险，也不去理会。看，蠵龟妈妈多勇敢啊！

绿蠵龟

猜猜看是什么动物呢？
一会儿告诉你……哈哈！

## 蛇中之王

### 热门搜索

**姓　名**：眼镜蛇
**家　族**：爬行纲－蛇目－眼镜蛇科
**体　长**：100～600厘米
**体　重**：2～8千克
**寿　命**：15～30年
**分　布**：非洲、澳大利亚、美洲和亚洲的温暖地区
**特　点**：性凶猛，毒性强，受惊或兴奋时颈部会膨胀，能够喷射毒液。

提起眼镜蛇，我们脑海里马上会浮现出一个冷森森、凉飕飕的动物。眼镜蛇是一种很有名的毒蛇，被人们称为"蛇中之王"。它被叫做眼镜蛇是因为当它生气的时候，身体上部会竖起来，脖子昂起而且变得扁平，上面的花纹就像一副眼镜，同时还发出"呼呼"的恐吓声，让人不寒而栗。

喷毒时，眼镜蛇上身向后仰，张开口，向敌方的眼睛吐出毒液。

## 第三章 两栖爬行类大家庭

### 知识百宝箱

**蛇獴大战**

眼镜蛇虽然厉害，可非洲獴却不怕它。非洲獴杀蛇时动作像闪电般迅捷，而且还对蛇毒具有免疫力。非洲獴经常会与眼镜蛇展开大战，如果蛇反击，它会聪明地避开。最后，它会咬住蛇的脖子，将其置于死地。

眼镜蛇虽然很可怕，但在一般情况下它是不会主动进攻的。眼镜蛇只有在感觉到威胁时，才会立起身体威吓敌人，如果还不能吓住敌人，它才会发动攻击去咬敌人。

眼镜蛇捕猎时，会用牙齿咬住猎物并注入毒液，等猎物麻痹后，就整个吞下去。

眼镜蛇遇到危险时，还会向敌人"射击"，而所用的"子弹"就是它的毒液。在眼镜蛇的嘴里，有一根小管，毒液就是通过它射出来的。眼镜蛇"射击"时，会瞄准敌人的眼睛，敌人一旦被毒液击中，就会有生命危险。

印度眼镜蛇

### 猜猜看是什么动物呢？

一会儿告诉你……哈哈！

# 五花八门的蛇

## 热门搜索

姓 名：蛇
家 族：爬行纲－蛇目
体 长：10～1000厘米
体 重：0.002～225千克
寿 命：5～30年
分 布：除南北极以外的世界各地
特 点：有无毒有毒之分，身体细长，舌头分叉，视力差，能吞食比自己体形大的食物。

在蛇王国里有许多长相不同、本领不同的蛇。先来认识一下捕鼠蛇吧。捕鼠蛇又叫"没有脚的猫"，它见到老鼠就穷追不舍，甚至钻进老鼠窝去捉老鼠。捕鼠蛇很恋旧，如果把它带到其他地方去，它会想方设法回到原来的家。

在非洲和印度，还有种蛇喜欢吃各种

捕鼠蛇用身体把老鼠缠死。

鸟蛋,它总是把蛋整个吞下去,人们叫它"吞卵蛇"。它的咽喉里有尖利的骨刺,可以把吞下的蛋刺破,使蛋清、蛋黄流到胃里消化,而蛋壳则会被吞卵蛇吐出来。

世界上最小的蛇是身材像蚯蚓、外貌像蛇的"蚯蚓蛇"。这种小蛇没有毒,生活在花园泥土下或院子中的花盆里,晚上或阴雨天才出来活动。它们爱吃蚂蚁、白蚁等昆虫,可是有名的"白蚁杀手"。

欧洲草花蛇

猜猜看是什么动物呢?

一会儿告诉你……哈哈!

### 知识百宝箱

**发出流水声的尾巴**

响尾蛇的尾巴是一节节的空腔,当它抖动尾巴时,空气在里面振动,就会发出流水般的声音,这和吹口哨的道理是一样的。响尾蛇用这种声音引诱那些到处寻找水源的小动物,当它们被引诱来后,就成了响尾蛇的美食。

## 两栖爬行类丑星风云榜

1. 蟾蜍
2. 角蛙
3. 铲脚蛙
4. 钻地蛙
5. 鳄鱼
6. 龟
7. 蠵龟
8. 鳖
9. 眼镜蛇
10. 蛇
11. 蝾螈
12. 
13. 壁虎
14. 虎蜥
15. 饰蜥
16. 鬣蜥
17. 娃娃鱼
18. 鳗螈
19. 箭毒蛙
20. 雨蛙
21. 
22. 
23. 

# 看我七十二变

### 热门搜索

**姓　名**：变色龙
**家　族**：爬行纲－蜥蜴目－变色龙科
**体　长**：2～60厘米
**体　重**：1千克左右
**寿　命**：3～5年
**分　布**：马达加斯加、非洲、亚洲南部、欧洲
**特　点**：趾和尾抓牢能力强，体色善变，左右眼球可单独活动。

在动物中，恐怕没有谁比变色龙更善变了。一天之内，它的体色会随着周围环境的变化而变化很多次。科学家的最新研究表明，变色龙变色有时是为了躲避敌人的搜捕，有时却是因为情绪的变化。变色龙心情好时身体呈现绿色，发怒时体色就会呈现红色。它的情绪全都写在自己的身上。

正在捕食的变色龙

第三章
两栖爬行类大家庭

变色龙

变色龙为什么能变换这么多的颜色呢？这是因为它的皮肤里有各种色素细胞。一旦周围的光线、湿度和温度发生变化，一些色素细胞就会增大，而其他一些色素细胞会缩小，于是变色龙就能不断地变换肤色了。

变色龙还有个特别的本领，那就是它的眼睛可以同时向两个不同的方向转动。这种本领在动物中可是很罕见的哦！

### 长舌头的变色龙

变色龙的长舌头是它的猎食工具。变色龙的舌尖上有腺体，能分泌出黏性极强的黏液，粘上的猎物很少能够脱身。变色龙的舌头伸出来可以超过它身体的长度，不仅伸缩自如，而且快如闪电、精准无比，捕捉一次猎物一般只需1/25秒就完成了。

猜猜看是什么动物呢？
一会儿告诉你……哈哈！

## 神勇无敌壁虎功

**两栖爬行类丑星风云榜**

1 蟾蜍  2 角蛙  3 铲脚蟾  4 钻地蛙  5 鳄鱼

6 龟  7 蠵龟  8 鳖

9 眼镜蛇  10 蛇  11 蝾螈  12

13 壁虎  14 虎螈  15 饰蜥  16 鬣蜥

17 娃娃鱼  18 鳗螈  19 箭毒蛙  20 雨蛙  21  22  23

### 热门搜索

**姓 名**：壁虎
**家 族**：爬行纲－蜥蜴目－壁虎科
**体 长**：3～15厘米
**体 重**：50～100克
**寿 命**：10年
**分 布**：遍布全世界
**特 点**：脚趾构造利于爬行，没有眼睑，会断尾逃生。

壁虎与人类生活在一起，还很喜欢帮助人类消灭苍蝇、蚊子、蟑螂等害虫。别看它们身体小巧扁平，四肢很短，它们可是飞檐走壁的高手呢！它们能够沿着笔直的墙壁爬行，倒着身子横穿过天花板，甚至垂直趴在光溜溜的玻璃上也不会掉下来。壁虎的"神功"靠的是它神奇的脚掌。

壁虎的脚趾上有深沟和绒毛。

# 第三章 两栖爬行类大家庭

壁虎尾巴的切口

壁虎断尾逃生。

## 知识百宝箱

### 断尾逃生的壁虎

壁虎的尾巴极其脆弱，当壁虎被敌人抓到时，尾巴会自动断掉，这样就保住了自己的性命。而且过一段时间，壁虎断了的尾巴又能重新长出来，与原来的一模一样。这可是壁虎的绝招——奇妙的再生能力。

壁虎的脚趾上有一排排的沟，当它的脚平按在物体表面时，这些沟就像吸盘。而且壁虎的脚趾上都长有极其细小的绒毛，绒毛会增加脚趾与物体间的摩擦力，使壁虎能够稳稳当当地在光滑的物体表面行走。

如果你仔细观察，就会发现壁虎整日整夜地睁着亮晶晶的大眼睛，那是因为壁虎没有眼睑，不能闭上眼睛。它只有一片从下眼皮上长出来的透明鳞片盖在眼球上。所以，无论什么时候，它看上去都神采奕奕的。

猜猜看是什么动物呢？

一会儿告诉你……哈哈！

壁虎正在捕食。

# 珍贵的娃娃鱼

两栖爬行类丑星风云榜

1. 蟾蜍
2. 角蛙
3. 铲脚蛙
4. 钻地蛙
5. 鳄鱼
6. 龟
7. 蝴龟
8. 鳖
9. 眼镜蛇
10. 蛇
11. 蝾螈
12. 
13. 壁虎
14. 虎蜥
15. 饰蜥
16. 鬣蜥
17. 娃娃鱼
18. 鳗螈
19. 箭毒蛙
20. 雨蛙
21. 
22. 
23. 

## 热门搜索

**姓 名**：娃娃鱼
**家 族**：两栖纲－有尾目－隐鳃鲵科
**体 长**：60～150厘米
**体 重**：一般2～3千克，最大可达30千克
**寿 命**：100～130年
**分 布**：中国
**特 点**：肉食性两栖动物，叫声像婴儿啼哭，夜间活动，对生存环境要求高。

娃娃鱼的学名叫大鲵，是一种很古老的动物，在两亿多年前曾繁盛一时。它可不是鱼，而是一种珍贵的两栖动物。在盛

娃娃鱼能把青蛙一口吞下。

娃娃鱼喜欢清澈的河流，它的家也安在水下的泥洞里。

## 第三章 两栖爬行类大家庭

### 知识百宝箱

**不能用的牙齿**

娃娃鱼虽然有锯齿一样的牙，但是这些牙齿却不能咀嚼，只能阻挡食物流到嘴外面。娃娃鱼总是把食物一口吞下，然后让它们在自己的胃里慢慢消化。因此娃娃鱼很耐饿，有时候即使几个月不吃东西，它也不会饿死。

夏夜晚的山涧里，我们可以听到一阵阵"哇～哇"的声音，那就是娃娃鱼的叫声。因为它的叫声像婴儿的啼哭，所以人们叫它"娃娃鱼"。

娃娃鱼有一个大大的扁脑袋，嘴巴也很大，眼睛和鼻孔却很小，身后还拖着一条长长的大尾巴。它全身光溜溜的，没有鱼身上的那种鳞片，四条腿又短又胖，脚趾就像婴儿胖乎乎的小手一样。

娃娃鱼的身体构造

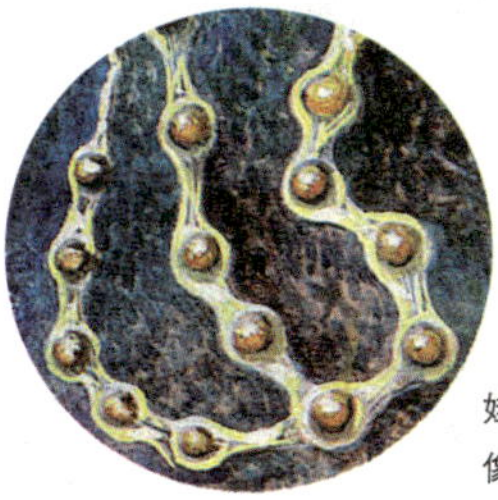

后腿
前腿
尾巴
头

娃娃鱼的卵像一条项链。

**猜猜看是什么动物呢？**
一会儿告诉你……哈哈！

# 雨后"歌唱家"

**热门搜索**

姓　名：雨蛙
家　族：两栖纲－有尾目－雨蛙科
体　长：1.58～15厘米
体　重：可达0.4千克
寿　命：5年左右
分　布：世界各地
特　点：体形小，吸盘发达，有鸣囊，擅长鸣叫，体色可变。

夏天的阵雨过后，雨蛙就会聚集在稻田边一起鸣叫，就像开演唱会一样。开始是一只雨蛙的独唱，渐渐地，所有的雨蛙都唱起来。它们唱起歌来声音洪亮，此起彼伏，彻夜不停。

## 知识百宝箱

### 看雨蛙知天气

雨蛙是著名的"天气预报员"。晴天时，雨蛙待在树上，阴天就蹲在地上。它们这样爬上爬下可不是为了锻炼身体，而是因为天气好的时候，苍蝇飞得高，要抓它们，就得爬到树上；阴天时，苍蝇飞不高，雨蛙就在地上等着。

## 第三章 两栖爬行类大家庭

雨蛙可是蛙类中著名的"歌唱家",它们唱歌唱得好是因为它们身上长有一个鸣囊,就像音箱一样。雨蛙唱歌的时候,鸣囊就鼓成一个圆圆的气球,唱得越响,"气球"越大,有时可以鼓得和它们自己的身体一样大。

这些音乐家很容易适应树上的生活,它们的蹼上长有发达的吸盘,可以很轻松地在树枝间跳来跳去。它们中的不少成员还有绝妙的保护色,能使它们与环境混为一体。有些雨蛙在静止不动时呈现绿色,这样不容易被敌人发现,而当它们跳起来时,身体两侧就会显露很漂亮的颜色呢!

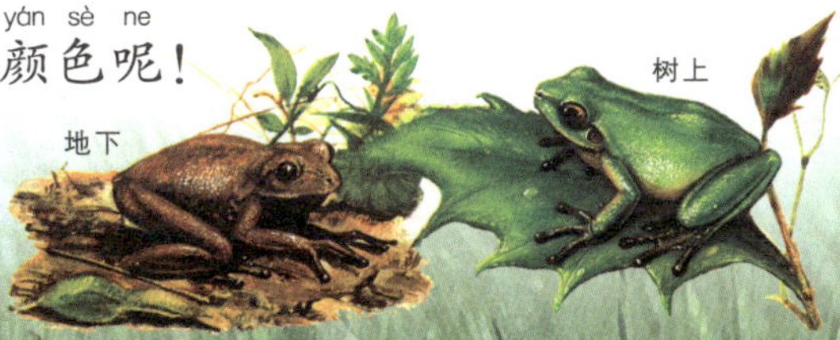

雌雨蛙在浅水低洼处用泥土筑成圆形的巢,把卵产在里面。

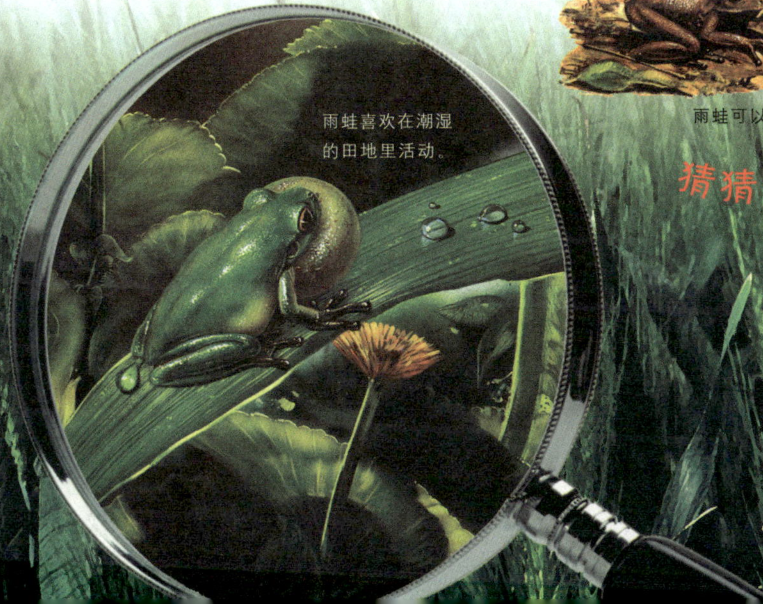

雨蛙喜欢在潮湿的田地里活动。

地下　　　树上

雨蛙可以依据不同的住处而改变身体颜色。

猜猜看是什么动物呢?

一会儿告诉你……哈哈!

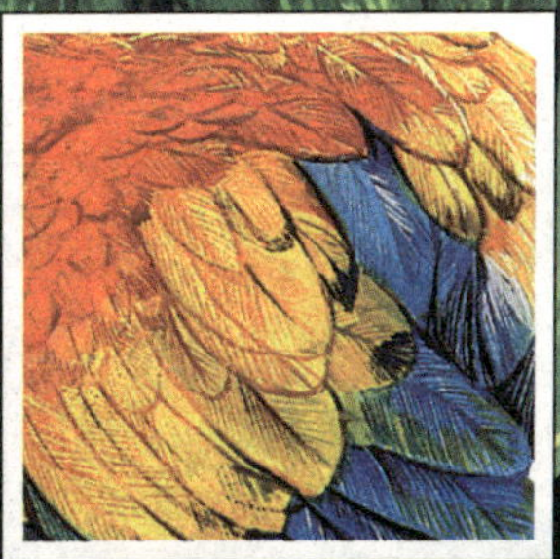

# 第四章

## 翱翔天空的鸟类家族

在距今一亿五千年前的中生代时期,就有鸟类成员出现了。经过漫长的进化和演变历程,鸟类已经发展成为具有数万个种类的大家庭,是世界上分布最广、最繁盛的动物类群之一。

鸟类的体温是恒定不变的,它们没有牙齿,胸部有一块龙骨突起。它们全身都覆满羽毛,身体呈流线型,前肢已经变成了翅膀,后肢形成支撑体重的双脚。鸟类自由自在飞翔的本领是其他任何生物都无法比拟的,它们是真正的"天空霸主"。鸟类多姿多彩的生活,给我们带来了更多的欢乐,是不是把你的心也带上了自由的天空呢?

# 会说人话的鹦鹉

## 热门搜索

**姓　名**：鹦鹉
**家　族**：鸟纲－鹦形目－鹦鹉科
**体　长**：8～100厘米
**体　重**：一般0.04～1.4千克，最重可达11千克
**寿　命**：一般30～50年，最长可达80年
**分　布**：世界各地的热带地区
**特　点**：色彩艳丽，嘴喙锐利，记忆力好，模仿能力强，部分会模仿人类说话。

有一种鸟，它有五颜六色的羽毛，会在人类的训练下说话，还能做许多别的鸟不能做的事，所以人们非常喜欢它。小朋友们肯定都知道，这种鸟就是漂亮的鹦鹉。

鹦鹉有一张灵巧的嘴和很

金刚鹦鹉

## 第四章 翱翔天空的鸟类家族

### 知识百宝箱

#### 奇特的鹦鹉"警官"

在美国洛杉矶的警察部队中有一位奇特的鹦鹉"警官",它叫做皮尔特。它的职责是提醒孩子们在过马路时要小心,在户外或家中玩耍时要注意安全等。这位皮尔特"警官"非常尽职,孩子们对它也非常钦佩呢。

好的记忆力,但它并不能很快地学会说话,一句话必须对它一遍遍地慢慢重复。不过,一旦它学会了,就永远不会忘掉。当然,鹦鹉并不懂人类语言的真正含义,它的学舌只是在长期的训练中形成的一种条件反射。灰鹦鹉是鹦鹉中尤其聪明的一类。它们有高超的模仿能力,能模仿其他鸟类的声音。如果与人生活在一起,它还能模仿电话铃声、狗叫声,连主人都分辨不出真假。

金刚鹦鹉吃坚硬的果实时,用脚抓至嘴边,再用喙咬开吞食。

玫瑰冠鹦鹉

大黄冠鹦鹉

椰子鹦鹉

红冠鹦鹉

猜猜看是什么动物呢?
一会儿告诉你……哈哈!

# 我是"强盗"我怕谁

## 热门搜索

**姓　名**：军舰鸟

**家　族**：鸟纲－鹈形目－军舰鸟科

**体　长**：75～112厘米

**体　重**：1.5千克左右

**寿　命**：不详

**分　布**：南太平洋、大西洋、印度洋

**特　点**：喉囊呈红色，善于飞行，常抢夺其他海鸟的食物。

军舰鸟虽然可以自己捕鱼养活自己，但它却偏偏喜欢不劳而获，拦路抢劫。它们平时不捕鱼，而是在海上到处乱逛。一旦看到别的鸟捕到了鱼，它就从空中猛扑过去，抢走它们的食物，所以军舰鸟又被称作"强盗鸟"。

拦路"强盗"——军舰鸟

繁殖期，雄鸟的喉咙会胀得鲜红，并利用喉咙的一胀一缩来吸引雌鸟的注意力。

军舰鸟最爱劫掠鲣鸟，它常常用大嘴叼住鲣鸟的尾巴，鲣鸟疼痛难忍，不得不张嘴吐出口中的鱼。对其他海鸟，军舰鸟则会死缠住它们，直到它们主动放弃食物。

产卵季节来临时，成双成对的军舰鸟开始用骨头、羽毛以及树枝筑巢。但是，由于鸟儿太多，搭巢用的树枝经常不够，它们就从其他鸟巢中偷来树枝搭建自己的窝。看来这些"强盗"还真是恶习难改啊！

### 知识百宝箱

#### 飞行冠军

军舰鸟天生有一对强有力的翅膀，捕食时的飞行时速可达400千米左右，是目前世界上所知的飞得最快的鸟之一。它不但能飞达1200米的高度，而且还能不停地飞到离巢1600多千米的地方。即使在12级的狂风中，它也能安全地在空中飞行和降落。

**猜猜看是什么动物呢？**

一会儿告诉你……哈哈！

# 电眼"警卫"

### 热门搜索

**姓　名**：猫头鹰
**家　族**：鸟纲－鸮形目
**体　长**：14～71厘米
**体　重**：0.048～2.5千克
**寿　命**：20年
**分　布**：除北极之外的世界各地
**特　点**：视力与听力较好，善于捕食田鼠，报复心强。

猫头鹰可是树林里有名的"电眼警卫"。它的眼睛又圆又大，很像猫的眼睛，所以被称为"猫头鹰"。它们白天躲起来睡大觉，晚上出来捉田鼠，是树林里的捕鼠专家。一只猫头鹰在一个夏天能捕上千只田鼠，为农民伯伯保护了许多农田。

猫头鹰圆圆的大眼睛视力极

猫头鹰的头可旋转180°，所以四面八方一览无余。

好，能感觉到微弱的亮光，所以即使在黑暗中它也能发现偷偷摸摸的老鼠。猫头鹰的两只眼睛都长在头的前面，而不像其他鸟类那样长在头两边。不过，猫头鹰的脖子能灵活转动，所以根本不影响它的视觉范围。

猫头鹰的耳朵是一个小孔，周围长着一圈特殊的羽毛，好像一个接收声音的大喇叭。当声音传来时，猫头鹰靠接收到的声波的强弱来判断声音发出的方向，所以只要老鼠发出一丁点响动，就会被它抓住。看，这位"电眼警卫"很厉害吧！

身披雪羽的猫头鹰

猫头鹰在树洞里做窝，抚育小宝宝。

猜猜看是什么动物呢？
一会儿告诉你……哈哈！

### 知识百宝箱

**有仇必报**

猫头鹰是个有仇必报的家伙，它的记忆力非常好，对伤害它的人或动物会记恨很多年，尤其是对伤害它的宝宝的"凶手"更是怀恨在心。猫头鹰复仇的手段很残忍，在抓伤"凶手"的身体后，还要啄瞎它们的眼睛，让它们再也不能伤害自己的宝宝。

# 自私自利的杜鹃

### 热门搜索

**姓　名**：杜鹃鸟
**家　族**：鸟纲－鹃形目－杜鹃科
**体　长**：15～75厘米
**体　重**：160～1000克
**寿　命**：不详
**分　布**：欧洲、亚洲、非洲、美洲
**特　点**：益鸟，初夏时昼夜不停地鸣叫，多数将卵产在其他鸟类的巢穴中。

在鸟类的世界里，大部分鸟都有自己的安乐窝，它们在里面产卵、孵化，哺育宝宝。然而，杜鹃却十分狡猾。它们从来也不做窝，而是喜欢把卵产在别的鸟巢里，让别的鸟给它养孩子，真是又狡猾又自私。

杜鹃展翅飞行的姿态很像鹰。

### 鸟类聪明风云榜

## 知识百宝箱

### 杜鹃做贡献

虽然杜鹃使用欺骗的手段养育后代，但它也会为我们做出贡献，那就是捕捉害虫。有的毛毛虫其他鸟类都不敢吃，杜鹃却把它们当作美食佳肴。一只杜鹃在一小时内就能捕捉100只蛾类毛毛虫，几只杜鹃就能保护一整片树林呢。

出生不久的小杜鹃会把其他卵拱出巢外。

雌杜鹃产卵前都要先寻找合适的鸟窝。它会装作鹰的样子吓走巢的主人，然后把巢里的一枚卵叼走，再偷偷地把自己的一枚卵产在里面。这样，别的鸟就不会发现了。有时，它就把卵产在地面上，再寻找机会把卵一个一个地放到合适的鸟窝里。

小杜鹃往往比巢里其他的鸟先孵化出来，而且个子较大。一旦小杜鹃孵化出来，它就会把巢里的其他卵推下去，这样它就可以独占养父母带回来的食物了。

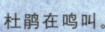

杜鹃在鸣叫。

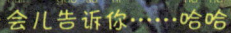

猜猜看是什么动物呢？

一会儿告诉你……哈哈！

# 空中"千里眼"

## 热门搜索

**姓　名**：鹰
**家　族**：鸟纲-隼形目-鹰科-鹰属
**体　长**：20～60厘米
**体　重**：1千克左右
**寿　命**：60～70年
**分　布**：北美洲、欧亚大陆和非洲北部
**特　点**：飞行高度高、速度快，视觉敏锐，爪利，动作敏捷，善于捕食猎物。

什么鸟飞得比高山还高呢？那就是充满传奇色彩的鹰。鹰是勇敢和威武的象征，它们在很高的空中急速盘旋，凌厉的目光扫视着广阔的大地。鹰能在几千米高的高空中清晰地辨认地面上的猎物，简直就是空中的"千里眼"。

鹰的眼睛又圆又大，构造很特别，就像一架可以自动调节焦距的照相机，可

### 鸟类聪明风云榜

| 1 鹦鹉 | 13 吃蜂鸟 |
| 2 造巢鸟 | 14 信天翁 |
| 3 织布鸟 | 15 鲣鸟 |
| 4 炉鸟 | 16 企鹅 |
| 5 军舰鸟 | 17 伞头鸟 |
| 6 猫头鹰 | 18 雷鸟 |
| 7 杜鹃鸟 | 19 贼鸥 |
| 8 鹰 | 20 鸵鸟 |
| 9 啄木鸟 | 21 翡翠鸟 |
| 10 蜂鸟 | 22 |
| 11 佛法僧 | 23 |
| 12 | |

以把远处的物体放大很多倍,看得非常清楚。鹰在高空发现地面上的猎物后,会像箭一样急速俯冲捕捉猎物,这时,它的眼睛内部会不停地调节焦距,始终盯住目标不放。

因为鹰有这么神奇的"千里眼",所以几乎什么猎物都逃不过它们的眼睛。我们的祖先很早就发现了鹰的这个本领,他们把鹰训练成打猎的帮手,帮助他们捕捉野鸡、野兔等动物。不过,鹰吃得最多的还是老鼠。

苍鹰猎食。

猜猜看是什么动物呢?
一会儿告诉你……哈哈!

### 知识百宝箱

**招鹰灭鼠**

在我国青海省境内的黄河源头,有很多老鼠破坏着那里的生态环境,科学家们利用生物链展开了灭鼠行动。他们在鼠害严重的草原上架起专供鹰停留或休息的木杆,以吸引老鼠的天敌——鹰在这里居留,从而达到消灭老鼠的目的。

# 森林"医生"

### 热门搜索

**姓 名**：啄木鸟
**家 族**：鸟纲－䴕形目－啄木鸟科
**体 长**：8～60厘米
**体 重**：不详
**寿 命**：最长达15年
**分 布**：除南北极、澳大利亚和新几内亚以外的世界各地
**特 点**：独居益鸟，善攀援，喙强直尖锐，善于捕捉树木内的害虫。

森林里的树木也有它们的"私人医生"，那就是啄木鸟。啄木鸟的食量很大，一口气可以吞下几百条甲虫的幼虫，一对啄木鸟就能保卫一大片树林免受虫害。

危害树木的害虫藏在树洞很深的地方，在啄木鸟坚硬的嘴里有一条细长灵敏

啄木鸟的神奇长舌

的舌头，能毫不费力地钻入树洞，它们的舌头能分泌黏液，并长满倒钩，再小的虫子也逃不过啄木鸟医生的"手术刀"。

啄木鸟不停地使劲敲击树干，但是既不会得"脑震荡"，也不会感到头痛。因为啄木鸟的大脑被一层海绵一样的骨骼包围着，里面还含有液体，骨骼外面还包裹着一层柔软的肌肉，能缓解敲击树木时的振动。所以，它们一生都不会得"脑病"。

啄木鸟"医生"

猜猜看是什么动物呢？
一会儿告诉你……哈哈！

### 知识百宝箱

**孤僻的性格**

啄木鸟是一种性格孤僻的鸟。它们喜欢单独生活，很少成群结队地行动。每年，啄木鸟都要通过敲击树木的方式来确定自己的地盘。建立了自己的领地后，它们就以响亮的叫声示警，绝不允许其他啄木鸟侵犯，这样的情况在春天尤为明显。

## 会游泳的鸟

### 热门搜索

**姓 名**：企鹅
**家 族**：鸟纲－企鹅目
**体 长**：30～120厘米
**体 重**：1.4～40千克
**寿 命**：一般7～15年，最长可达20年以上
**分 布**：多数分布在南极，大洋洲、非洲、南美洲也有分布
**特 点**：鸟类，不会飞行，会游泳，多数耐寒，由雄性孵卵。

企鹅可以说是鸟类中的游泳专家，它们平时步态蹒跚，像个身穿燕尾服的高贵的"南极绅士"。只要它们一钻进水里就会变得非常活泼，会像鱼雷一样在海洋中笔直前行，还能潜水捕食小鱼。不过，它们早就忘了自己的老本行——"飞行员"。

南极企鹅优美的跳水姿式

## 第四章 翱翔天空的鸟类家族

### 知识百宝箱

**四季常新的"燕尾服"**

许多鸟兽在换毛时,身上的羽毛会东掉一块、西掉一块,显得很难看。而企鹅一年四季却总是"穿"着整齐漂亮的"燕尾服",难道它们不换羽毛吗?原来,企鹅换毛时,每根新羽毛都是直接长在旧羽毛的下面,等到新羽长成后,旧羽毛才全部褪掉。这样,企鹅就能"穿"得很整齐了。

小企鹅　金企鹅　白眉企鹅　须企鹅　帝企鹅

企鹅是经过漫长的进化历程,才从"飞行员"转行为"游泳运动员"的。它们的翼变得像鱼鳍一样,让它们可以在水中快速前进。它们身上还长满油光光的羽毛,皮肤下还有一层厚厚的脂肪,所以即使海水冰冷刺骨,它们也毫不在乎。

在企鹅王国里,企鹅妈妈负责产卵,企鹅爸爸负责孵化。孵蛋时,雄企鹅把蛋放在自己温暖的肚皮下面,不吃不喝地保护60多天,直到小企鹅破壳而出。雌企鹅则跑到很远的温暖海域,吞下许多鱼,然后赶回来接替雄企鹅,并把肚子里的食物吐给出生不久的孩子吃。

企鹅的游泳方法

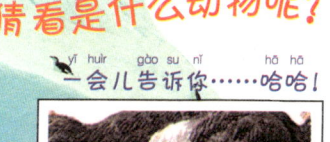
猜猜看是什么动物呢?
一会儿告诉你……哈哈!

## 狂奔的鸵鸟

### 热门搜索

**姓　名**：鸵鸟
**家　族**：鸟纲－鸵形目－鸵鸟科
**身　高**：最高可达275厘米
**体　重**：130千克左右
**寿　命**：一般20～30年，最长可达70年以上
**分　布**：非洲
**特　点**：体形最大的鸟类，群居，不会飞，擅长奔跑。

鸟类是天空中的精灵，它们大都能展翅飞翔。但世界上最大的鸟——鸵鸟却只会奔跑不会飞，它那对大翅膀不是用来飞翔的，而是用来壮大声势吓唬敌人，或保护小鸵鸟并当作太阳伞给它们遮挡阳光的。

鸵鸟奔跑的时速可达50~70千米。

## 第四章 翱翔天空的鸟类家族

### 知识百宝箱

**负责的鸵鸟爸爸**

鸵鸟大家庭可是典型的"一夫多妻制",不过鸵鸟爸爸还是很负责任的。它会把所有妻子的卵都放在一起,然后由其中的一个妻子负责孵化。一般在它的巢里会有15~20个卵。鸵鸟爸爸和妻子轮流孵卵,白天是妻子孵卵,鸵鸟爸爸则负责值夜班。

鸵鸟的祖先是会飞行的,但是经过长期的地面生活,它们的翅膀上真正具有飞翔功能的飞羽和尾羽消失了,逐渐失去了飞翔能力。现在的鸵鸟身高两米多,体重比两个大人还要重,要把这么沉重的身体带上天空就更加不可能了。

虽然不会飞,不过,鸵鸟的腿很强壮,奔跑时一步可跨出八米远!不过,鸵鸟不善于长跑,快速奔跑只能持续五分钟左右。因为鸵鸟奔跑主要为了躲避敌人。

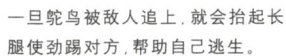

一旦鸵鸟被敌人追上,就会抬起长腿使劲踢对方,帮助自己逃生。

**猜猜看是什么动物呢?**

一会儿告诉你……哈哈!

# 动物中的"贵族"

## 热门搜索

**姓　名**：天鹅
**家　族**：鸟纲－雁形目－鸭科
**体　长**：90～180厘米
**体　重**：5～18千克
**寿　命**：25岁左右
**分　布**：除非洲外的世界各大洲
**特　点**：候鸟，物种珍稀，体态优雅，对伴侣忠贞。

你认识天鹅吗？无论是大天鹅、小天鹅还是黑天鹅，都是美丽与高贵的象征。它们脖子细长，总是昂首挺胸地在水中游弋。它们游泳时姿态优雅，婀娜多姿，神态总是怡然自得，显得那么高雅脱俗，就像

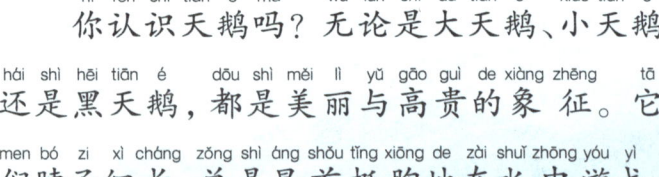

展翅高飞

优雅的黑天鹅

动物王国中的一群"贵族"。

不同种类的天鹅有不同的特点。

大天鹅就是我们常说的"白天鹅",它们浑身雪白,声音像喇叭一样洪亮。小天鹅的脖子比大天鹅的短一些,但叫声清脆,好像哨子声,所以它又叫"口哨天鹅"。黑天鹅全身长着黑色卷曲的羽毛,但嘴巴却是美丽的红色。

天鹅夫妻都非常恩爱,总是形影不离,甚至在迁徙的途中,也前后照应,从不分离。它们一生都会守着对方,如果一只死去,另一只会久久地守在伴侣的尸体旁不愿离去,不断地发出绝望的哀鸣。从此以后,这只活着的天鹅会单独生活,一直到死。

## 知识百宝箱

### 天鹅家族

高贵的天鹅家族在全世界仅拥有5个品种,中国就有三种:大天鹅、疣鼻天鹅和小天鹅。冬季,在我国长江以南各地常见到大天鹅的美丽身影;春季,它们北迁蒙古和中国新疆、黑龙江等地繁殖。

美丽高贵的白天鹅

猜猜看是什么动物呢?

一会儿告诉你……哈哈!

# 天生丽质的孔雀

## 鸟类靓丽风云榜

### 热门搜索

**姓 名**：孔雀

**家 族**：鸟纲－鸡形目－雉科

**体 长**：90～140厘米

**体 重**：5千克左右

**寿 命**：20年以上

**分 布**：东南亚地区、印度、斯里兰卡

**特 点**：品种少,其中部分属濒危品种,雄性羽毛艳丽,有尾屏,胆小谨慎。

在茂密的森林里,生活着天生丽质的鸟中之王——孔雀,孔雀开屏的时候,那五颜六色的的尾巴像大扇子一样展开,在阳光的照耀下,光彩夺目,被人称作"天使的羽毛"。

我们想看到孔雀开屏可没那么容易呢!因为只有雄孔雀才有那么漂亮的尾巴,而雌孔雀的

孔雀妈妈领着小孔雀觅食。

# 第四章 翱翔天空的鸟类家族

尾巴大都光秃秃的。另外，雄孔雀开屏也不是为了臭美，而是为了向雌孔雀表达爱意，它会不断地抖动美丽的尾巴，还故意在雌孔雀面前走来走去，以吸引雌孔雀的注意。

孔雀开屏不但美丽，还能吓唬住敌人呢！孔雀的大尾巴上有许多圆形的花纹，好像一只只金光闪闪的大眼睛。当遇到敌人而又来不及逃跑时，孔雀便会突然开屏，敌人还以为遇到了"多眼怪兽"，就害怕得不敢袭击它了。

## 知识百宝箱

### 简陋的巢穴

与孔雀的华丽形象相比，孔雀巢就显得太简陋了。通常它们只是在茂密的灌木丛或草丛中，用爪子刨出一个凹坑，垫一些杂草和落叶就当作家了。雌孔雀就在这个简陋的巢里面产卵、孵化，并喂养孔雀宝宝。

**猜猜看是什么动物呢？**
一会儿告诉你……哈哈！

雄孔雀展开漂亮的尾巴，以吸引雌鸟的注意。

# 引吭高歌

## 热门搜索

**姓　名**：鹤
**家　族**：鸟纲－鹤形目－鹤科
**体　长**：70～150厘米
**体　重**：不详
**寿　命**：一般50～60年，最长可达80年
**分　布**：除南极洲和南美洲之外的世界各地
**特　点**：历史悠久，体态优雅，寿命长，叫声洪亮。

每当春暖花开，各种鹤便大群大群地从遥远的南方飞回北方。鹤的叫声高亢洪亮，在"谈恋爱"的时候表现得尤为突出。处于求偶期的鹤一边展开翅膀，踏着优美的舞步，一边引吭高歌，它们的歌声

### 冠羽的故事

非洲冠鹤最突出的特点就是它们的冠羽。传说古时候非洲的一个国王在沙漠里迷了路，一群鹤救了他。为了报答鹤，他就把金皇冠戴在了鹤头上，并且请巫师把金皇冠变成鹤头上的冠羽。从此，冠鹤飞到哪里，哪里就熠熠生辉。

## 第四章
## 翱翔天空的鸟类家族

大部分鹤类过着迁徙生活,有的鹤能飞上3000米的高空。

可以传到两千米以外的地方呢。

人们常说"鹤鸣九皋,声闻于天",鹤的叫声为什么能传那么远呢?这是因为鹤的气管不仅长,而且是弯曲的,还会随着它们岁数的增加而增长,而鹤在鸣叫的时候又喜欢昂起头,把嘴直直地伸向天空,这样它们的叫声就会既洪亮又传得远了。

丹顶鹤是主要分布在我国的一种鹤,以黑龙江省数量最多,它们每年秋季都会飞到南方越冬,次年3~4月飞回北方繁殖。丹顶鹤又叫仙鹤,在我国,人们常把仙鹤和挺拔苍劲的古松画在一起,作为益寿延年的象征。

**各种各样的鹤**

丹顶鹤

## 猜猜看是什么动物呢?

一会儿告诉你……哈哈!

# 第五章
# 喝奶长大的哺乳动物

自从恐龙灭绝后,哺乳动物在动物界的位置开始不断上升,最终占据了动物世界的最顶层,成为称霸陆地的王者。哺乳动物是最高等的脊椎动物,它们最显著的特征是哺乳和胎生。哺乳动物比其他动物更聪明,更能适应复杂多变的环境,它们的生存技巧也更加高超,和人类的关系最为密切。

全世界共有哺乳动物3500多种,它们遍布陆地、海洋甚至天空。陆地上的"巨无霸"大象,威猛的老虎、狮子,"海洋王者"鲸鱼,会飞的哺乳动物蝙蝠……形形色色的哺乳动物组成了一个超级"大家庭",没有它们,大自然就不会如此生机盎然了。

# 此鱼非鱼

## 热门搜索

姓　名：鲸鱼
家　族：鲸目
体　长：1.2～33米
体　重：达50吨
寿　命：达100年
分　布：世界各地的海洋中
特　点：体形庞大，用肺呼吸，胎生。

鲸鱼生活在大海里，它们是海洋里最庞大的动物之一，即使在陆地上也很难找到比它们更大的动物了。鲸鱼中的蓝鲸体长达30米，体重达150吨，比最重的恐龙还要重一倍，可算是海洋界的"巨无霸"了！

抹香鲸与海豚的比例

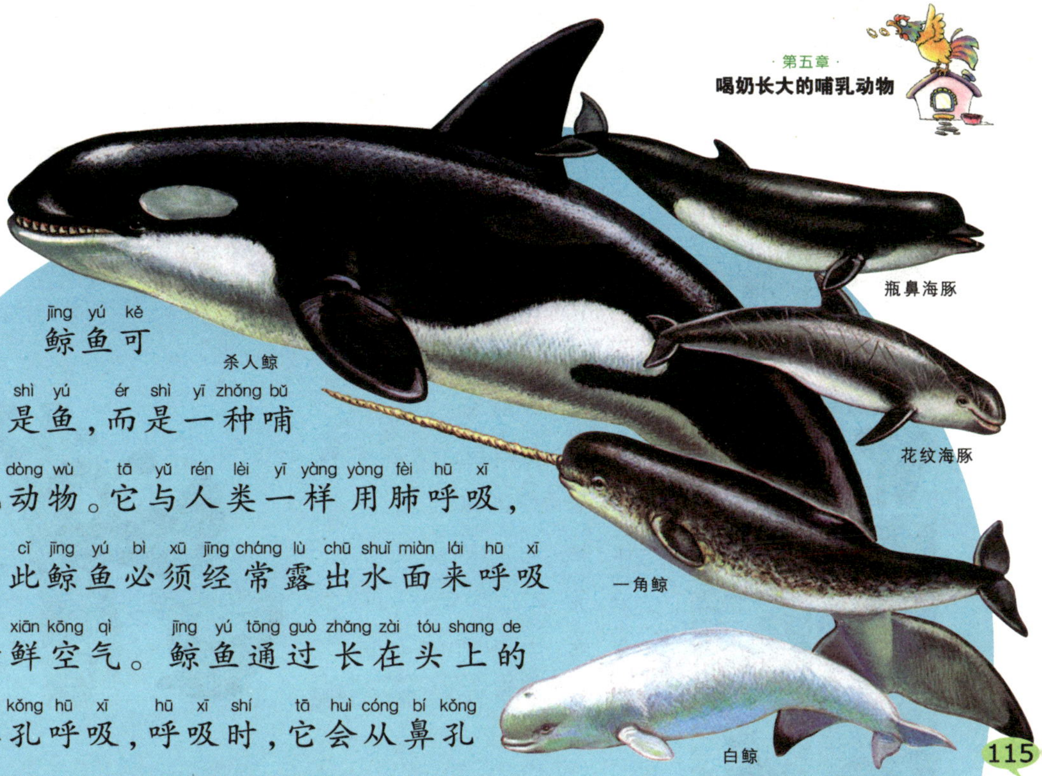
杀人鲸
瓶鼻海豚
花纹海豚
一角鲸
白鲸
长有牙齿的齿鲸类

jīng yú kě bù shì yú ér shì yī zhǒng bǔ rǔ dòng wù tā yǔ rén lèi yī yàng yòng fèi hū xī yīn cǐ jīng yú bì xū jīng cháng lù chū shuǐ miàn lái hū xī xīn xiān kōng qì jīng yú tōng guò zhǎng zài tóu shang de bí kǒng hū xī hū xī shí tā huì cóng bí kǒng li pēn chū yī gǔ hěn dà de shuǐ zhù fēi cháng zhuàng guān

鲸鱼可不是鱼，而是一种哺乳动物。它与人类一样用肺呼吸，因此鲸鱼必须经常露出水面来呼吸新鲜空气。鲸鱼通过长在头上的鼻孔呼吸，呼吸时，它会从鼻孔里喷出一股很大的水柱，非常壮观。



鲸鱼的身体构造

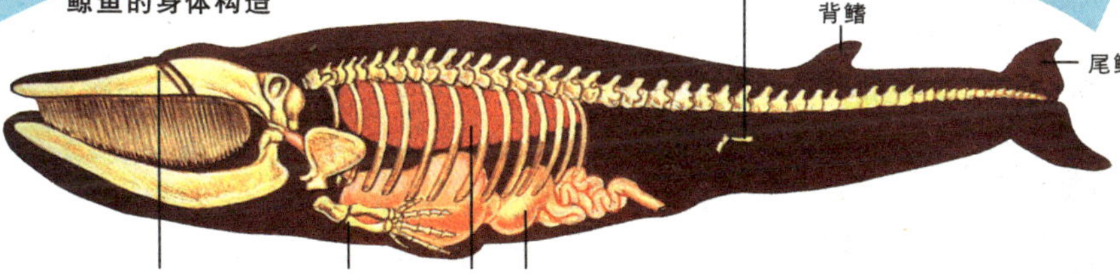
骨盆的痕迹
背鳍
尾鳍
喷气孔
前脚形鳍
肺
胃

## 知识百宝箱

lóng xián xiāng de lái lì
### “龙涎香”的来历

mǒ xiāng jīng de cháng zi li yǒu yī zhǒng nián chóu wù zhì jiào lóng xián xiāng lóng xián xiāng yǒu dà yǒu xiǎo shì yī zhǒng fēi cháng zhēn guì de xiāng liào zhè zhǒng xiāng liào wèi shén me huì zài mǒ xiāng jīng de cháng zi li ne yīn wèi mǒ xiāng jīng ài tūn chī dà wū zéi què wú fǎ xiāo huà wū zéi de zuǐ bù zhè zhǒng wù zhì chǔ cún zài cháng zi li shí jiān cháng le jiù huì xíng chéng lóng xián xiāng

抹香鲸的肠子里有一种黏稠物质叫龙涎香。龙涎香有大有小，是一种非常珍贵的香料。这种香料为什么会在抹香鲸的肠子里呢？因为抹香鲸爱吞吃大乌贼，却无法消化乌贼的嘴部，这种物质储存在肠子里，时间长了就会形成龙涎香。

## 猜猜看是什么动物呢？

yī huìr gào su nǐ hā hā
一会儿告诉你……哈哈！

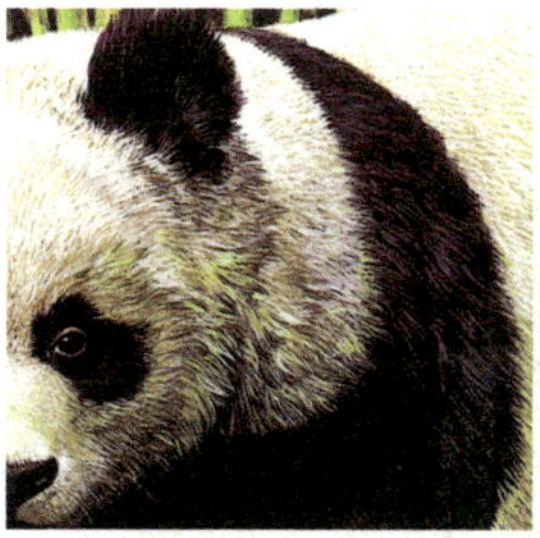

# "贪杯"的大熊猫

### 热门搜索

**姓　名**：大熊猫
**家　族**：食肉目-大熊猫科
**体　长**：可达150厘米
**体　重**：约100千克
**寿　命**：20～30年
**分　布**：中国中部地区
**特　点**：爱吃竹子，善于攀爬。

哺乳动物"笨蛋"风云榜

大熊猫是我国的"国宝"，它们性情温顺、惹人喜爱，不过却常常做傻事——喝水喝到醉倒。原来，大熊猫在喝水的时候，看到水中自己的倒影，还以为又来了一个同伴跟它抢水，于是就拼命地喝起来。喝着喝着，自己就被胀得昏昏沉沉的，像喝醉了一样，是不是傻得可爱呢？

刚出生的小熊猫　　　20天后的小熊猫

## 第五章 喝奶长大的哺乳动物

大熊猫最喜欢吃竹子,鲜嫩多汁的箭竹更是它的美味佳肴,一只大熊猫一天要吃掉几十千克箭竹。大熊猫喜欢独居,是个流浪汉,常常随季节的变化而搬家。夏天为了避暑,它们把家迁到凉爽的高山上;冬天就转移到温暖的向阳山坡上。

刚出生的熊猫宝宝非常小,只有妈妈体重的千分之一。熊猫妈妈整天抱着孩子,不断舔它,希望它快快长大。半年以后,小熊猫开始跟着妈妈学习爬树、游泳和剥食竹子等本领。两岁时,小熊猫才能离开家独立生活。

### 知识百宝箱

**大熊猫抓竹鼠**

大熊猫并不总吃素,偶尔也开荤吃几只竹鼠。大熊猫发现竹鼠的踪迹后,便顺着竹鼠的气味寻找它的洞穴,找到后就用前爪使劲拍打地面,吓得竹鼠直往外逃。大熊猫趁机一跃而上,摁住竹鼠,用力撕去鼠皮,然后美美地享受一顿荤菜。

熊猫妈妈很疼爱自己的小宝宝。

大熊猫很聪明,甚至可以表演倒立的动作。

猜猜看是什么动物呢?

一会儿鼻逗你——嘀嗒!

3个月大的小熊猫　　7个月大的小熊猫

# 陆地上的"巨无霸"

### 热门搜索

姓　名：大象
家　族：哺乳纲－长鼻目－象科
身　高：200～320厘米
体　重：3～7吨
寿　命：80年左右
分　布：东南亚和非洲大部分地区
特　点：体形庞大，皮厚毛少，鼻子长且灵活，嗅觉和听觉发达，视觉差，群居和睦。

扇子一样的耳朵、柱子似的腿、长长的大鼻子和牙齿，不用说小朋友也知道这是大象啦！大象可真是陆地上的"巨无霸"，就连刚出生的小象也比两个大人的体重还沉呢！

大象是没有天敌的，即使被称为"百

小象有时会被狮子欺负，不过象妈妈会及时赶来保护它。

## 第五章 喝奶长大的哺乳动物

### 知识百宝箱

**大象的"葬礼"**

如果象群中有象死去，其他象就会用鼻子把泥土、石块、树枝、枯草覆盖在死象身上。等地面堆起一个土墩后，大象们会把它踩踏得结结实实，筑成一座"象墓"。最后，众象慢慢绕着"象墓"悼念，直到太阳落山。

"兽之王"的狮子也不敢去攻击大象，因为它们也怕被大象踩伤。有人说大象怕老鼠，其实大象才不怕它们呢。因为即使老鼠真的钻进了大象的鼻孔也没关系，只要大象使劲一呼气，老鼠就会被吹出去好远。

大象的鼻子可厉害了，它除了能用来呼吸和闻味道还有很多作用呢！它灵巧的长鼻子简直就是万能的，它可以喝水、摘果子、搬运物品、传送信息，既能卷起粗粗的大树，也能拾起细小的钉子，最神奇的是经过训练的大象还能用鼻子吹口琴呢！

非洲象

猜猜看是什么动物呢？

一会儿告诉你……哈哈！

## 食草动物也凶猛

### 热门搜索

**姓　名**：河马
**家　族**：偶蹄目－河马科
**体　长**：300～500厘米
**体　重**：3～4.5吨
**寿　命**：可达45年
**分　布**：非洲
**特　点**：嘴很大，喜欢泡在水里。

河马有着庞大的水桶一般的身躯，走起路来四平八稳，颇有绅士风度。但是你可别被它的外表骗了，实际上河马性情残暴、凶猛，极具攻击性，甚至同伴之间也常常会互相争斗。河马生活在非洲的河流、沼泽、湖泊地域，与野猪是近亲。

河马一天的大部分时间都泡在水里，连生宝宝、喂奶都在水

## 第五章
## 喝奶长大的哺乳动物

中。河马的鼻孔、眼睛和耳朵都高高地长在头上,因此能露出水面。这样河马泡在水里时既能够闭目养神,又可以呼吸,还可以看到和听到动静,随时保持警惕。

戏水的河马

河马喜欢群居,几十头甚至上百头一起在河流湖泊里过着有秩序的生活。河马社会中还存在着严重的"重女轻男"的思想呢!雄河马在成年后会被无情地赶出家门,而雌河马永远处于统治地位,占据着河流或湖泊的中心位置。

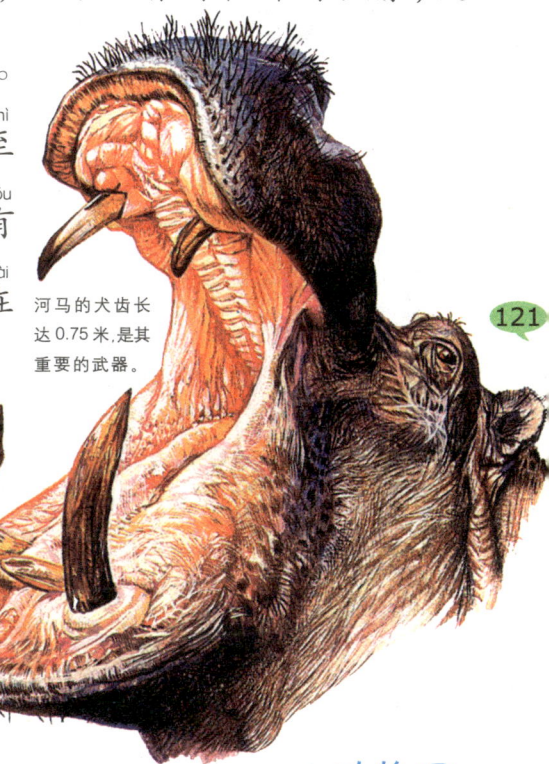

河马的犬齿长达0.75米,是其重要的武器。

猜猜看是什么动物呢?

一会儿告诉你……哈哈!

### 知识百宝箱

#### 流"血汗"的河马

河马经常全身"流血",却一点也没有痛苦的样子。其实这并不是血,原来河马若不泡在水里,皮肤就会皲裂,会分泌出一种红色的液体,像血液一样。这种"血汗"可是河马的天然防晒霜呢!

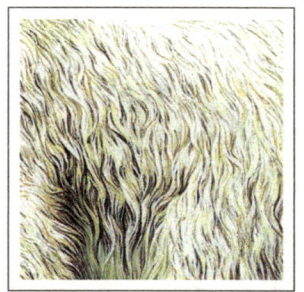

## 极地"霸主"

哺乳动物"笨重"风云榜

### 热门搜索

**姓　名**：北极熊
**家　族**：食肉目 熊科
**体　长**：200～250厘米
**体　重**：410～720千克
**寿　命**：25～30年
**分　布**：北极
**特　点**：冰上霸王，善于游泳。

北极熊是北极地区个头儿和力气最大的动物，它们浑身长着长长的乳白色的毛，厚厚的皮毛就像一件羽绒大衣，能起到防水和御寒的作用。北极熊非常凶猛和贪吃，它们在北极地区称王称霸，没有任何天然敌害，轻松自在地过着"霸主"的生活。

北极熊正用爪子拍打从冰缝中探出头的海豹

## 第五章 喝奶长大的哺乳动物

北极熊那么大的块头,你一定以为它们迟钝笨拙吧?其实不然,北极熊的动作很敏捷,能一跃跳过冰面上4.5米宽的大裂缝。北极熊还是优秀的游泳健将,它们用大前爪划水,可以一口气在冰冷的海面游上40千米呢!

北极熊最喜欢吃海豹。顺着海豹的气味,北极熊能找到它们露出水面呼吸的冰窟窿。北极熊为了捕食海豹,经常会在一个冰洞前耐心地等上几个小时。当海豹从冰洞中探出头时,北极熊会迅速地伸出熊掌将它的头骨击碎,然后将尸体拖出水面,饱餐一顿。

### 知识百宝箱

**冰上"华尔兹"**

北极熊在冰面上活动,为什么不会摔倒呢?原来呀,北极熊的爪垫部位有凹陷,像吸盘一样可以牢牢地抓住冰面。北极熊不仅能在冰面上悠闲地行走,还经常互相拥抱着,在雪地上跳"华尔兹"呢!

北极熊在冰洞里抚育小宝宝。

猜猜看是什么动物呢?
一会儿告诉你……哈哈!

北极熊的温馨家庭

## 无声的"坦克"

### 热门搜索

**姓　名**：犀牛

**家　族**：奇蹄目－犀科

**体　长**：200～420厘米

**体　重**：1～3.6吨

**寿　命**：30～35年

**分　布**：非洲东部、南部和亚洲热带地区

**特　点**：体形庞大，角长。

陆地上除了大象外什么动物最大？是犀牛！犀牛身体庞大，全身的皮好像一层厚厚的盔甲，鼻梁上还长着一个或两个角，看起来挺憨厚的。但实际上犀牛的性格很凶猛，遇到敌人时，它们会低下头，以角为武器，和敌人进行"无声的对峙"，

犀牛进攻时，头向下垂，猛跑，以角为武器。

这时候连大象都不敢轻举妄动呢!

犀牛的眼睛高度近视,不容易发现敌情,但它有自己的"警卫员"。有一种小鸟经常停歇在犀牛身上,一有响动它们就叫个不停,犀牛得到警报就会及时加强戒备。这种小鸟还啄食犀牛身上的寄生虫,为它们清洁皮肤,简直就是犀牛的"保健医生"。

犀牛每隔几年才生一次孩子。小犀牛一岁以前既吃草,也吃妈妈的奶。小犀牛通常会和妈妈一起生活两三年,等到妈妈又生下孩子后就会被赶走。

### 知识百宝箱

**爱洗泥浆浴的犀牛**

犀牛最喜欢在泥塘里洗澡了,它们在泥水中翻滚搅动,直到浑身上下涂上一层厚厚的泥巴。犀牛洗泥浆浴是因为它们褶皱里的皮肤很薄,常常被虫子叮咬。泥浆能防止小虫子的侵扰,还能使犀牛在炎热的天气里感觉凉爽呢!

犀牛视力很差,听到不熟悉的声音就会用鼻子闻一闻。

猜猜看是什么动物呢?
一会儿告诉你……哈哈!

## 海里的"睡觉大王"

### 热门搜索

**姓　名**：海象
**家　族**：鳍足目－海象科
**体　长**：270～360厘米
**体　重**：1～1.3吨
**寿　命**：约30年
**分　布**：欧亚大陆、北美和北极海域
**特　点**：有长牙，爱睡觉。

海象在动物界是个十足的懒汉，一上岸就常常倒下身体呼呼大睡。如果栖息地太小的话，它们甚至会两三层地叠在一起，即使这样依然睡得很甜，真是名副其实

群居的海象

## 第五章 喝奶长大的哺乳动物

的"睡觉大王"！集体睡觉的海象并没有放松警惕，大家轮流"值班"，一旦"警卫员"发现敌情，就会大声唤醒同伴。

两个长长的白色獠牙是海象的生存工具。海象可以利用长牙把海底泥沙中的蛤蜊挖出来，也可以利用长牙攀登浮冰或山崖，长牙还是海象抢夺地盘和杀敌的武器。

海象身体的颜色能发生非常奇妙的变化：当海象浸泡在冰冷的海水中时，血管收缩，皮肤就变成了灰白色；到了陆地上时，血管膨胀，血液流动速度加快，皮肤就变成了棕灰色。

### 知识百宝箱

**海象的敌人**

海象的天敌是北极熊和虎鲸。北极熊的体形比海象还大，厚大的熊掌能把它的脑壳击碎。当成群的虎鲸遇到海象群时，常会有一场惊险的搏斗，结果往往是虎鲸获胜。因此海象遇到虎鲸时只能拼命逃往海岸。

海象身体虽大，胆却很小，看到人类就会马上逃跑。

猜猜看是什么动物呢？

一会儿告诉你……哈哈！

# 生蛋的哺乳动物

## 热门搜索

**姓　名**：鸭嘴兽
**家　族**：鸭嘴兽科
**体　长**：不超过65厘米（包括尾巴）
**体　重**：0.6～2.4千克
**寿　命**：10年以上
**分　布**：澳大利亚
**特　点**：生蛋，善于游泳。

我们都知道哺乳动物是胎生，并用自己的乳汁哺育孩子，但在澳大利亚却生活着一种奇特的动物——鸭嘴兽，因为它虽然属于哺乳动物，但是却和爬行动物、鸟类一样生蛋呢!

鸭嘴兽在洞里产卵，并哺育幼兽。

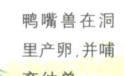

## 第五章 喝奶长大的哺乳动物

鸭嘴兽的外表也很奇特,既像爬行动物,又很像鸟类。它的嘴扁扁的,很像鸭子,嘴上有传递触觉的神经,可以弯曲。鸭嘴兽胖胖的身体外面披着一层浓密的防水皮毛,大尾巴扁平而又有力,像大桨一样的蹼足可以帮助它在水下快速潜泳。

鸭嘴兽捕食的时候通常会迅速潜到河水里,擦着河泥向前行进,依靠敏锐的嘴去寻找食物。几分钟以后,它的嘴里就会装满虾和蚯蚓了。这时,鸭嘴兽就会浮出水面,睁开眼睛,贪婪地享受美味啦!

### 猜猜看是什么动物呢?
一会儿告诉你……哈哈!

---

### 知识百宝箱

**哺育后代**

在繁殖的季节,雌鸭嘴兽会先挖一条长长的地洞,在里面产下两三枚卵,然后像鸟一样趴在上面孵蛋。刚孵出的小鸭嘴兽只有三厘米长,眼睛看不见东西,也没有尾巴。喂奶时,鸭嘴兽妈妈仰面朝天地躺着,让小兽爬到它的肚子上吮吸乳汁。

刚出生的小鸭嘴兽

鸭嘴兽脚上的蹼使它可以适应水中的生活。

# 不喝水的树袋熊

## 热门搜索

**姓　名**：树袋熊
**家　族**：有袋目－树袋熊科
**体　长**：60～85厘米
**体　重**：8～15千克
**寿　命**：13～18年
**分　布**：澳大利亚东部
**特　点**：善于爬树，不喝水。

### 哺乳动物"笨重"风云榜

| 1 鲸鱼 | 13 鸭嘴兽 |
| --- | --- |
| 2 大熊猫 | 14 树袋熊 |
| 3 象 | 15 浣熊 |
| 4 河马 | 16 河狸 |
| 5 北极熊 | 17 鹿猪 |
| 6 棕熊 | 18 家猪 |
| 7 犀牛 | 19 羚牛 |
| 8 貘 | 20 麝牛 |
| 9 海象 | 21 绵羊 |
| 10 海狮 | 22 |
| 11 海牛 | 23 |
| 12 | |

树袋熊母子

　　树袋熊长得很可爱，看上去就像一个小玩具熊，它们很少喝水。这是因为树袋熊以桉树叶为食物，桉树叶含有足够的水分，加上树袋熊不像其他动物那样整天跑来跑去，身体不会消耗很多水分，因此就很少喝水了。

　　树袋熊是爬树的能手，它们

## 第五章 喝奶长大的哺乳动物

在桉树上吃、睡、产仔,一生的大部分时间都在树上度过。树袋熊能像猴子那样牢牢地握住树枝,并通过一连串的跳跃来爬树,动作很敏捷。因为树袋熊只吃桉树叶,而桉树叶能发出香味,所以它们身上总是散发着一种淡淡的清香。

雌树袋熊也像袋鼠一样,有一个口袋用来装自己的宝宝,但是它的育儿袋是向后开口的。小树袋熊刚出生的时候,就会自己钻进妈妈的育儿袋里吮吸乳汁。八九个月后,小树袋熊就能趴在妈妈的背上,跟着妈妈外出游玩啦!

树袋熊生活在树上,很少下到地面。

猜猜看是什么动物呢?
一会儿告诉你……哈哈!

### 知识百宝箱

**别侵占我的"领树"**

树袋熊看起来很温顺,但实际上它们的占有欲非常强呢!每当一棵桉树的叶子被吃完以后,树袋熊就会转移到其他树上。这时,它会把自己的分泌物涂在树枝上,表示这是自己的"领树",不让其他树袋熊侵占。

## 爱干净的浣熊

哺乳动物"笨重"风云榜

1 鲸鱼
2 大熊猫
3 象
4 河马
5 北极熊
6 棕熊
7 犀牛
8 貘
9 海象
10 海狮
11 海牛
12 
13 鸭嘴兽
14 树袋熊
15 浣熊
16 河狸
17 鹿豚
18 家猪
19 羚牛
20 麝牛
21 绵羊
22 
23 

### 热门搜索

**姓　名**：浣熊
**家　族**：食肉目－浣熊科
**体　长**：75～90厘米
**体　重**：约10千克
**寿　命**：约6年
**分　布**：美洲
**特　点**：爱清洁，善于爬树。

你知道吗，在动物王国里还有爱干净的小家伙呢！那就是浣熊。浣熊吃东西时，总喜欢将食物放在水里洗一洗再吃。比如吃鱼的时候，浣熊会先把鱼咬死，然后扒掉鱼鳞，撕开鱼肉，洗一块吃一块，绝

浣熊边洗边吃。

不会因为自己饿了就"不干不净"地乱吃。

浣熊的四肢很灵巧,能像猴子一样抓住树干,在树上玩耍。它们长着一条具有环形花纹的大尾巴,这条大尾巴不仅漂亮,还可以用它把自己倒悬在树枝上,在寒冷的时候还可以用它来裹住嘴巴和鼻子。

小浣熊有一位称职的好妈妈。浣熊妈妈常常靠在树边,一边喂奶,一边给孩子们梳理体毛。浣熊妈妈很有爱心,还会照料那些失去父母的"孤儿"。

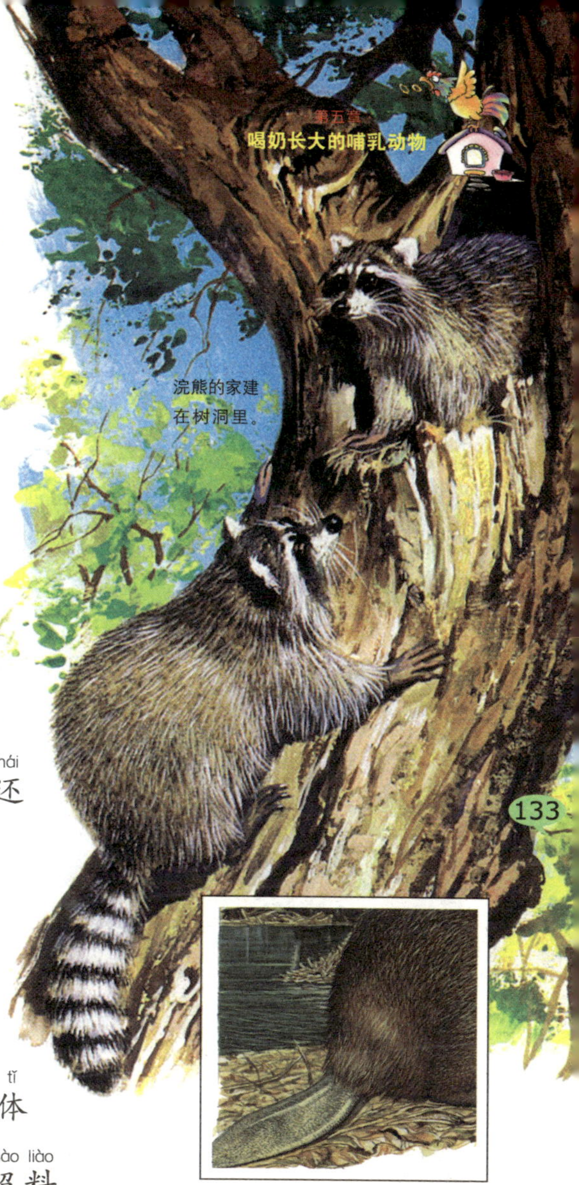

浣熊的家建在树洞里。

一会儿告诉你……哈哈!

### 知识百宝箱

#### 私闯民宅的"小强盗"

浣熊对人类的生活很感兴趣。在美洲一些离森林较近的家庭中常会闯进一些"小捣蛋鬼"——浣熊,它们灵巧的前肢能将门把手打开,进入室内后乱翻一通,把冰箱里的食物洗劫一空。因此,当地人都把浣熊称为好玩的"小强盗"。

## 筑坝"工程师"

### 热门搜索

**姓　名**：河狸
**家　族**：啮齿目—河狸科
**体　长**：105～120厘米
**体　重**：17～30千克
**寿　命**：13～20年
**分　布**：北美洲和欧亚大陆北部
**特　点**：善于挖掘和建窝筑坝。

河狸能够改变自己的生活环境，是动物世界中伟大的建筑师。当它们移居到一条新的河流时，要做的第一件事就是修筑一条拦水的大坝。河狸成群合作，先用锐利的

第五章 喝奶长大的哺乳动物

## 知识百宝箱

### 神奇的大坝

河狸所建造的拦河堤坝大多数都比较短和窄，但是在美国蒙大拿州的杰斐逊河上却有一座长达700米的河狸坝，这也是世界上最大的河狸坝。大坝上不仅可走行人，甚至可以骑马跑过，这座大型河狸坝是一个河狸家族世世代代共同创造的奇迹。

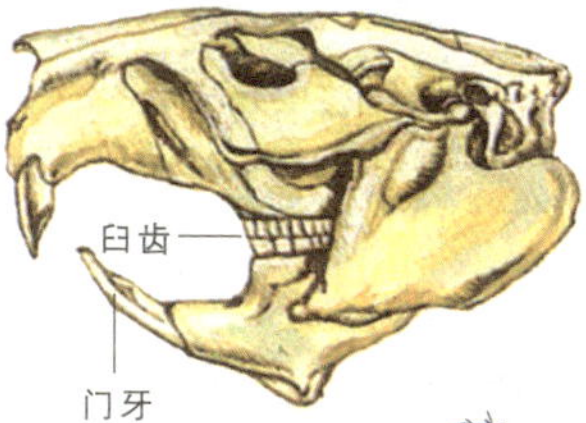

门牙咬断树木，并把木头拖到要建坝的地方，再用灵巧的前爪在断树干之间填上泥、石头和小树枝，使大坝滴水不漏。

拦河坝建成后，河流上游就变成了一个平静的池塘，这里就是河狸游泳、潜水和居住的地方了。河狸大家族可以在这里躲避寒冷并保护自己不受敌人的侵袭。

河狸长着一条奇特的大尾巴，宽大而扁平，像把铲子。这条尾巴看上去和它们的身体没有连续性，像是条假尾巴，不过它的作用可不小，它能推动河狸在水中飞速地前进，并且还掌控着前进的方向呢！

河狸筑大坝。

臼齿
门牙
河狸的头部骨骼

猜猜看是什么动物呢？
一会儿告诉你……哈哈！

# 不吃剩饭的"杀手"

## 热门搜索

**姓　名**：豹
**家　族**：哺乳纲－食肉目－猫科
**体　长**：100～150厘米
**体　重**：50～100千克
**寿　命**：10～20年
**分　布**：亚洲和非洲
**特　点**：夜行猛兽，动作灵活敏捷，力量十足，奔跑速度快，善于攀树和跳跃。

豹吃饭可挑剔了，从来不吃剩饭，即使是自己辛辛苦苦捕来的食物也只吃新鲜的。每次豹捉到猎物后都会找一个隐蔽的地方独自享用美餐，如果它没来得及当时吃掉猎物，就会大方地把美食扔掉不要了。

豹子奔跑时的优美身姿

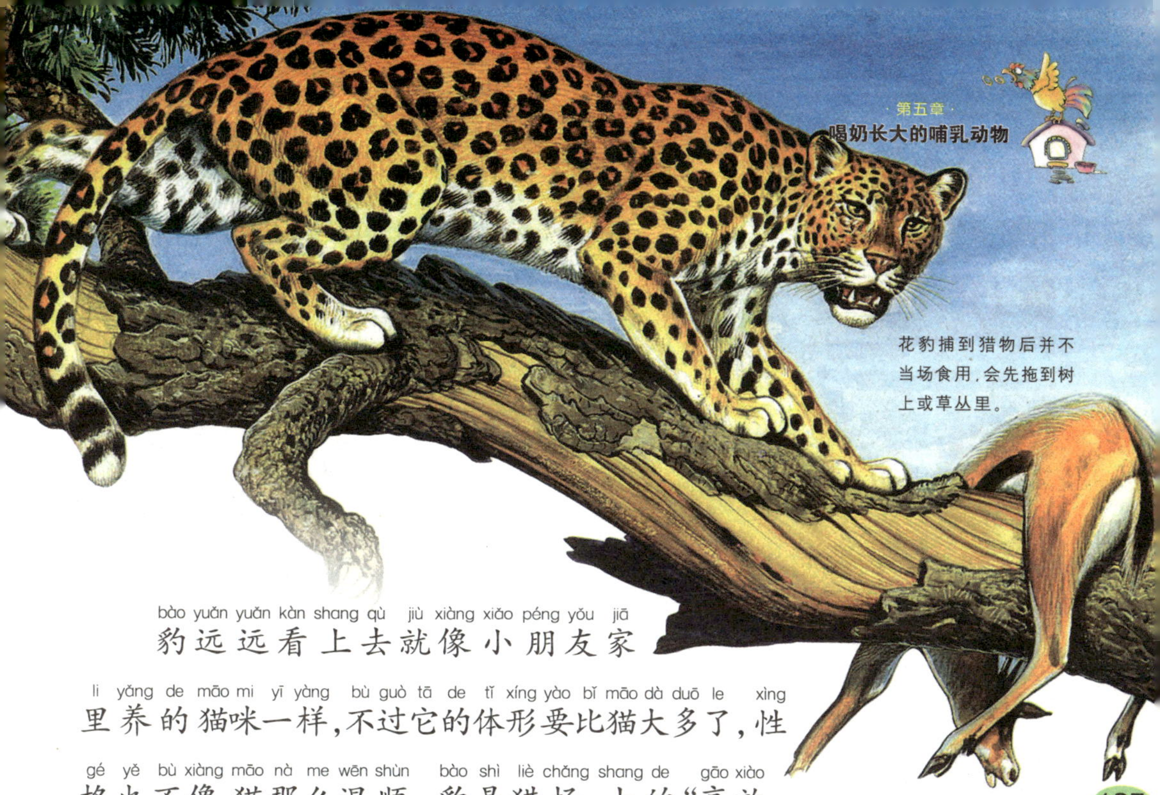

花豹捕到猎物后并不当场食用，会先拖到树上或草丛里。

bào yuǎn yuǎn kàn shang qù jiù xiàng xiǎo péng yǒu jiā
豹远远看上去就像小朋友家
lǐ yǎng de māo mī yī yàng bù guò tā de tǐ xíng yào bǐ māo dà duō le xìng
里养的猫咪一样，不过它的体形要比猫大多了，性
gé yě bù xiàng māo nà me wēn shùn bào shì liè chǎng shang de gāo xiào
格也不像猫那么温顺。豹是猎场上的“高效
shā shǒu tā jì huì yóu yǒng yòu huì pá shù lì qi yě dà de jīng rén tā shèn zhì néng bǎ bǐ
杀手”，它既会游泳，又会爬树，力气也大得惊人，它甚至能把比
zì jǐ zhòng liǎng bèi de liè wù tuō dào shù shang dú zì xiǎng yòng
自己重两倍的猎物拖到树上独自享用。

bào shì bǔ rǔ dòng wù zhōng pǎo de zuì kuài de yīn wèi tā de jǐ zhuī gǔ shí fēn róu ruǎn róng yì
豹是哺乳动物中跑得最快的，因为它的脊椎骨十分柔软，容易
wān qū xiàng yī gēn dà tán huáng suǒ yǐ tā néng pǎo de fēi cháng kuài yī bān liè wù dōu hěn nán táo tuō
弯曲，像一根大弹簧，所以它能跑得非常快，一般猎物都很难逃脱
tā de zhuī jī tā men yǒu zhè me gāo de bǔ liè běn lǐng nán guài huì nà me tiāo shí ne
它的追击。它们有这么高的捕猎本领，难怪会那么挑食呢！

## 知识百宝箱

### mǔ bào ràng dì 母豹让地

bào lèi zhōng de liè bào dōu yǒu gè zì de lǐng dì tā men yī biān zhǎo shí wù
豹类中的猎豹都有各自的领地。它们一边找食物，
yī biān zài tā men lù guò de dì fang pái xiè fèn niào jǐng gào qí tā dòng wù zhè
一边在它们路过的地方排泄粪尿，警告其他动物这
shì tā men de dì pán shì shén shèng bù kě qīn fàn de dàn děng xiǎo liè
是它们的“地盘”，是神圣不可侵犯的。但等小猎
bào néng dú lì shēng huó shí mǔ liè bào jiāng huì bǎ lǐng dì wú sī de ràng gěi
豹能独立生活时，母猎豹将会把领地无私地让给
tā men zì jǐ qiǎo rán lí qù duō wěi dà de mǔ ài a
它们，自己悄然离去。多伟大的母爱啊！

## 猜猜看是什么动物呢？

yī huìr gào su nǐ hā hā
一会儿告诉你……哈哈！

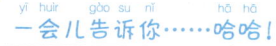

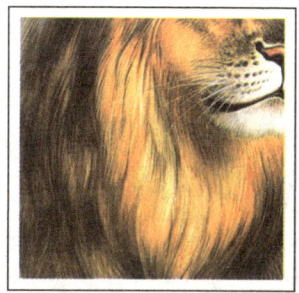

## 草原"霸主"

### 热门搜索

姓　名：狮子
家　族：哺乳纲－食肉目－猫科
体　长：140～190厘米
体　重：150～250千克
寿　命：可达20年
分　布：非洲、亚洲西部
特　点：听觉与嗅觉灵敏，动作灵活，跳跃能力强，能爬树，不擅长跑，繁殖力强。

哺乳动物敏捷风云榜

 1 豹　13 跳鼠
 2 狮子　14 鼹鼠
 3 老虎　15 土拨鼠
 4 狼　16 臭鼬
 5 长臂猿　17 骆驼
 6 猕猴　18 长颈鹿
 7 猩猩　19 刺猬
 8 大猩猩　20 水獭
 9 黑猩猩　21 海豚
 10 狐狸　22 海豹
 11 斑马　23
12

狮子不像老虎一样独来独往，它们习惯成群活动。白天的时候，狮群就躲在草丛中休息，到了清晨、黄昏和夜晚，它们就会一起出动进行围猎。可怜的羚羊、斑马等动物落在它们的手里，就注定要成为它们的美食了。

狮妈妈捉到猎物后，会叫自己的宝宝一起享用。

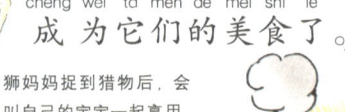

第五章 喝奶长大的哺乳动物

## 知识百宝箱

### 闻味识身份

每只狮子都有自己独特的气味,它们通过互相摩擦头部、舔舌头等来进行问候,同时也把各自的气味留给对方,这样下次再见面的时候,就能知道对方是不是自己的朋友了。雄狮子还能通过气味来认出哪只小狮子是自己的孩子呢。此外,气味也是狮子划分领地范围的标记。

狮子之所以选择在清晨、黄昏和夜晚行动,是因为它们有着猫一样的好眼睛。在它们的眼睛上覆盖了一种特殊的视网膜,这可以使进入它们眼睛的微弱光线得到加强。当别的动物还没有发现狮子的时候,它们已经做好捕食的准备了。

雄狮非常疼爱幼狮。

在所有的猫科动物中,狮子的雌雄两性差异是最大的。雌狮子看起来很温和,而雄狮子在外形上则要显得凶猛、健壮得多。

雄狮有鬃毛,体形较雌狮大,威风凛凛。

猜猜看是什么动物呢?

一会儿告诉你……哈哈!

# 百兽之王

哺乳动物敏捷风云榜

### 热门搜索

**姓　名**：老虎
**家　族**：哺乳纲－食肉目－猫科
**身　长**：160～200厘米
**体　重**：约200千克
**寿　命**：可达20年
**分　布**：南亚、东南亚、西伯利亚东部
**特　点**：行动谨慎，动作敏捷，听觉和嗅觉较敏锐，善于游泳。

很多动物看到老虎都会瑟瑟发抖，因为老虎是可怕的百兽之王。它凶猛而神勇，看到猎物时，会马上发动攻击，不达目的不罢休。不过，老虎成为百兽之王也是有道理的，因为它刻苦练功，不

老虎喜欢单独生活，猎食时也单独行动。

仅会游泳,还会各式摸爬滚打的技巧。

由于很多动物都怕老虎,所以只要它在一个地方安家落户,那里的各种动物就会闻风而逃。为了保证自己不饿肚子,老虎就要不停地搬家。它经常会在某个地方猎食后,连吃带睡地住上两三天,然后就换一个地方。

现在在动物王国里还存活着10种不同类型的老虎,它们分别是孟加拉虎、印支虎、华南虎、华北虎、西北虎、东北虎、黑海虎、爪哇虎、苏门答腊虎和巴厘虎。科学家认为,我国特有的华南虎有可能是所有老虎的祖先。

## 知识百宝箱

### 爱子如命的母老虎

母老虎非常疼爱自己的小宝宝,它不但会负责子女的生活,还会带领孩子们走出虎穴,学习捕猎技巧。母老虎带孩子们出去打猎时,一旦遇到危险情况,它会不惜一切代价保护自己的孩子,即使付出自己的生命也在所不惜。

**猜猜看是什么动物呢?**

一会儿告诉你……哈哈!

凶猛的百兽之王

# 群狼出击

## 热门搜索

姓 名：狼
家 族：食肉目 犬科
体 长：100～150厘米
体 重：40千克左右
寿 命：12～15年
分 布：欧亚大陆和北美洲
特 点：体形健壮，善奔跑且耐力强，智商高，性残忍而机警，喜群居。

提起狼总让人感到害怕，认为它们是残忍的动物。可是你知道吗？狼有一个温暖的家。它们七八只生活在一起，相互照顾。它们总是成群出击，共同捕猎。如果一只狼离开狼群，它会感到非常孤独，并

### 知识百宝箱

**狼的家装设计**

狼对洞穴的设计非常讲究，除了有一个入口以外，它还会为自己设计两条隐蔽的通道，这样如果有危险发生，这些通道都可以帮助它逃生。狼还会游泳，当遇到强敌时，它就会躲到水里溜之大吉。

且常常受到狮子的攻击。

在一个狼群中,身体最强壮、最有智慧的狼是狼王。狼王指挥狼群进行捕猎,然后把猎物分配给每只狼。但是,在狼王体力下降的时候,就会有更年轻的狼来代替它的地位。如果有很多狼都想当狼王,那么就要看谁更强壮了,胜者为王嘛!

如果在夜晚听到狼嚎,会让人害怕得连汗毛都竖起来。不过狼嚎叫可不是为了吓唬人,而是在联系同伴、传递消息。如果在捕猎时,有同伴牺牲,其他狼就会绕着同伴的尸体,十分难过地哀嚎。

狼很聪明,很少会掉入猎人设的陷阱。

猜猜看是什么动物呢?

一会儿告诉你……嘻嘻!

## "家庭合唱团"

### 哺乳动物敏捷风云榜

1 豹　　13 跳鼠

2 狮子　14 鼹鼠

3 老虎　15 土拨鼠

4 狼　　16 臭鼬

5 长臂猿　17 骆驼

6 猕猴　18 长颈鹿

7 猩猩　19 刺猬

8 大猩猩　20 水獭

9 黑猩猩　21 海豚

10 狐狸　22 海豹

11 斑马　23

12

### 热门搜索

**姓　名**：长臂猿
**家　族**：哺乳纲－灵长目－长臂猿科
**体　长**：40～90厘米
**体　重**：6～13千克
**寿　命**：25年左右
**分　布**：中国华南、缅甸直到马来西亚和印度尼西亚大部分岛屿的热带雨林
**特　点**：体形最小的类人猿，前肢长，动作敏捷，擅长鸣叫，家庭结构稳定。

长臂猿是很喧闹的猿猴，它们虽然个子小，却有两条比体长长两倍的胳膊，站立的时候可以垂到地面上。长臂猿的家庭由爸爸、妈妈和几个孩子组成。它们都和平友爱，互相关心，一起抵抗敌人。而且，它们的家庭还是一个出色的"家庭合唱团"呢！

喜欢在树林中穿飞的长臂猿

长臂猿特别喜欢鸣叫。它们的喉部长有喉囊,又叫音囊,喊叫的时候,喉囊可以胀得很大,使喊声变得极其嘹亮。每天清早,"家庭合唱团"就开始演出了。长臂猿的歌声高低起伏,唱到最高潮时,它们还会发出高颤音。每天的"二重唱"还可以增进长臂猿夫妇的感情呢。

这些"合唱团"的成员最喜欢吊挂在树枝上,前进时,两只手臂像荡秋千一样,转眼之间就能从一棵树荡到另一棵树上。它们就这样用胳膊在树丛间"行走",很少到地面上来。

长臂猿用手"行走"的分解动作

长臂猿的手腕特别发达。

猜猜看是什么动物呢?

一会儿告诉你……哈哈!

### 知识百宝箱

#### 四大类人猿

长臂猿是我国仅有的现生类人猿,与猩猩、大猩猩、黑猩猩一起被称为四大类人猿,是仅次于人类的高级灵长类动物。我国共有四种长臂猿:白掌长臂猿、白眉长臂猿、黑长臂猿和白颊长臂猿,它们都是国家一级保护动物。

## 猴的双赢原则

146

### 热门搜索

**姓　名**：猕猴
**家　族**：灵长目－狭鼻组猴科
**体　长**：34.5～70厘米
**体　重**：可达18千克
**寿　命**：20～30年
**分　布**：亚洲东部、南部及其岛屿上
**特　点**：树栖，群居，擅长攀援跳跃和模仿人类。

小朋友们肯定都知道，好东西要大家分享，在学习和生活中要互相帮助，可你们知道吗，猴子很懂得双赢的道理，而且它们的想法比人类更单纯，当它们面对诱惑时，有时会表现得比我们还出色呢！

日本猕猴

第五章
喝奶长大的哺乳动物

科学家们曾经把两只猕猴分别关在两个相邻的笼子里,在笼子外一个很重的托盘里放了一只装满苹果的碗。够不到碗的那只猴子会很卖力地帮同伴一起拉盘子。当然,得到苹果的猴子也不会独享美食,而是把苹果分给另一只猴子一起吃。它们的表现很值得我们大家学习吧!

猕猴总是一大群生活在一起,但很有秩序,大家都各自坚守自己的岗位。

## 知识百宝箱

### 像狮子的猕猴

狮尾猕猴是猕猴中长相最奇特的一种了,它们的脸周围长满了长长的灰色毛发和胡须,看上去很像一只雄狮。这种猕猴不像其他猕猴那样擅长跳跃,行动比较笨拙。

猕猴社会中,猴王统领着猴群。雌猴及幼猴绕猴王形成轮状,外侧由年轻雄猴及副首领来把守。

猜猜看是什么动物呢?
一会儿告诉你,哈哈!

# "寿星佬"

### 热门搜索

**姓　名**：猩猩
**家　族**：灵长目－猩猩科
**体　长**：77～125厘米
**体　重**：40～100千克
**寿　命**：25～40年
**分　布**：加里曼丹和苏门答腊
**特　点**：体形庞大，行动迟缓，性格孤僻，聪明，模仿能力强。

猩猩长得又矮又胖，全身披着红棕色的长毛，柔软但稀少，好像患了脱毛症。它的大脑袋上长着两只小耳朵，活像个小老头儿。因此，人们给它送了一个形象的绰号——"寿星佬"。

猩猩很懂得养生之道，早晨一起来就伸胳膊伸腿，进行晨练；之后，就到水池边洗

爱干净的猩猩早起洗脸。

# 第五章 喝奶长大的哺乳动物

漱,聪明的还会捧着水倒进嘴里,然后把手指伸进嘴里"刷牙"。年老的雄性猩猩则性情孤僻,会常常坐在窝中一动不动,好像老和尚打坐一样。

猩猩住在原始森林里,它们在离地面十几米高的树上搭窝,有时候也到地面上来活动。猩猩走路时需要用前臂着地支撑身体,就像拄着拐棍。

## 知识百宝箱

### 猩猩"大力士"

猩猩的力气可大了,除了老虎以外,它们不怕自然界中的任何敌人。有时候,猩猩还能跟鳄鱼和大蟒蛇搏斗呢!在一般情况下,猩猩是不会主动欺负别人的,不过,这个"大力士"要是发起火来,还是很可怕的哦!

猩猩身体庞大,行动迟缓,不能在树间跳跃,只能手脚并用地慢慢移动。

猜猜看是什么动物呢?
一会儿告诉你……哈哈!

## 温和的大猩猩

**哺乳动物敏捷风云榜**

1. 豹
2. 狮子
3. 老虎
4. 狼
5. 长臂猿
6. 猕猴
7. 猩猩
8. 大猩猩
9. 黑猩猩
10. 狐狸
11. 斑马
12. 
13. 跳鼠
14. 鼹鼠
15. 土拨鼠
16. 臭鼬
17. 骆驼
18. 长颈鹿
19. 刺猬
20. 水獭
21. 海豚
22. 海豹
23. 

### 热门搜索

姓　名：大猩猩
家　族：灵长目－猩猩科
身　高：130～180厘米
体　重：70～275千克
寿　命：约50年
分　布：赤道非洲
特　点：最大的灵长类动物，食量大，群居，恋窝，性格温和，喜欢捶胸恐吓敌人。

大猩猩一身黑毛，满脸皱纹，看起来十分粗鲁。但实际上它们是很斯文的，很少有攻击行为。它们大部分时间都在闲逛、嚼树叶或睡觉，彼此之间也不喜欢争斗，因此它们被称为"温和的森林巨人"。当两个不同的家族相遇时，双方的首领就会拍打自己胸部，并发出吼

大猩猩的首领——银背

## 第五章 喝奶长大的哺乳动物

### 知识百宝箱

**首领银背**

大猩猩过着群居的生活，每群由一个被称为"银背"的成年雄性大猩猩领导。这只大猩猩因为上了年纪，后背的毛变成了白色而得名。银背强壮又聪明，能带领大家寻找食物，晚上还能找到安全的地方让大家休息。

叫，它们的这种举动其实就是虚张声势地吓唬对方，很少真的打起来。

每一个大猩猩群都是一个和睦的群体，它们听从首领的命令。首领睡醒起身活动，其余大猩猩也不敢怠慢，首领决定的觅食路线，其他大猩猩也都会追随前去。夜晚，大个子的雄性大猩猩就会栖息在树下，看护睡在树上的大猩猩母子。

雌性大猩猩对自己的孩子呵护有加。

猜猜看是什么动物呢？

一会儿告诉你……哈哈！

# 恶作剧的黑猩猩

## 热门搜索

**姓　名**：黑猩猩
**家　族**：哺乳纲－灵长目－猩猩科
**身　高**：120～150厘米
**体　重**：60～75千克
**寿　命**：一般35～40年，最长可达60年
**分　布**：非洲
**特　点**：胆大，好奇心重，记忆力和理解力较强，能使用简单工具。

哺乳动物敏捷风云榜

1 豹
2 狮子
3 老虎
4 狼
5 长臂猿
6 猕猴
7 猩猩
8 大猩猩
9 黑猩猩
10 狐狸
11 斑马
12
13 跳鼠
14 鼹鼠
15 土拨鼠
16 臭鼬
17 骆驼
18 长颈鹿
19 刺猬
20 水獭
21 海豚
22 海豹
23

黑猩猩是动物王国中最聪明的了，智力仅次于人类。它们不仅能模仿人类的各种动作，而且骗术相当高明。

关在动物园里的黑猩猩经常会在嘴里含一口水，若无其事地在笼子里走来走去。当它们看到有人靠近笼子时，就会冷不丁地喷人一脸水，以此为乐。除了捉弄人类以外，黑猩猩骗起同伴来也不含糊。一只黑猩猩发现香蕉后，它会告诉它的

# 第五章
## 喝奶长大的哺乳动物

同伴们一个错误的地点。当其他黑猩猩向"有香蕉"的地方摸去的时候,这只说谎的黑猩猩却已经在独自享用香蕉了。

不过,黑猩猩也不是每次都这么不仗义,它们对待家族成员

温馨的黑猩猩大家庭

还是有情有义的。一般情况下,如果一只黑猩猩发现了一棵果实累累的树木,它会大声通知同伴们来一起分享。

心灵手巧的黑猩猩还懂得利用工具来捕食,它经常将草秆伸进白蚁穴里。当白蚁爬满后,它就将草秆抽出塞进嘴巴里。

黑猩猩是一种群居动物,每一群体包括了大约35只黑猩猩,它们统一由一只成年的雄性黑猩猩领导。

黑猩猩很喜欢吃白蚁。

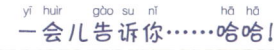

猜猜看是什么动物呢?

一会儿告诉你……哈哈!

### 知识百宝箱
### 黑猩猩的沟通方式

黑猩猩之间会使用体态、手势、面部表情和叫声等进行沟通。身体接触对于保持黑猩猩之间的关系十分重要,它们打招呼的方式甚至包括亲吻和握手,帮助年幼的黑猩猩梳理皮毛还能使其安静下来。

# 滑头的狐狸

## 热门搜索

**姓　名**：狐狸
**家　族**：食肉目－犬科
**体　长**：70～150厘米
**体　重**：约7千克
**寿　命**：6年
**分　布**：欧洲、非洲、亚洲、南北美洲
**特　点**：聪明、狡猾。

正趴在树上休息的狐狸

在许多童话故事中，狐狸都是狡猾的坏家伙，狐狸跑得不快，但总能聪明地想出各种方法填饱肚子。有时候它们会假装打架，把兔子、小鸟等小动物吸引过来，然后趁它们不

### 知识百宝箱

#### 对付刺猬的"高手"

刺猬是令大多数动物头疼的家伙，它们浑身坚硬的长刺让捕食者无从下口，但狐狸对付它们自有一套。狐狸先将刺猬拖入水中，待刺猬伸展身体游泳时，就向它的肚子猛咬一口，刺猬当场毙命，成了狐狸的美餐。

狐狸在睡觉。

## 第五章 喝奶长大的哺乳动物

注意时突然出击。被捕到的狐狸常常装死来迷惑猎人,然后趁机逃跑,够狡猾的吧!

狐狸白天在地上或树洞里休息,晚上出来活动。它们的视觉和听觉都非常好,能够避开猎人挖的陷阱,在发现陷阱时还会留下一股臭味来警告同伴。

小狐狸刚出生不久,它们的爸爸妈妈就开始训练它自己捕食了。狐狸爸爸把食物带回来埋在洞口附近,然后让小狐狸找出来吃。当小狐狸两个月大时,它们就被带出去学习捕猎。小狐狸能独自捕食的时候,就被妈妈赶出家门,独立生活了。

红狐

狡猾的狐狸会装死。

猜猜看是什么动物呢?
一会儿告诉你……哈哈!

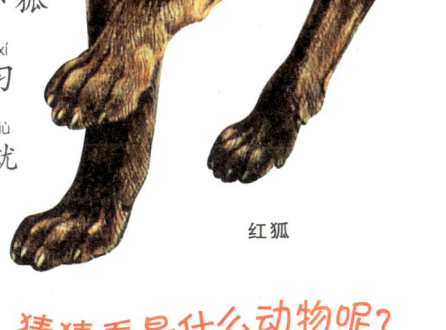

中国儿童百科全书 之 动物王国

## 穿礼服的"绅士"

哺乳动物敏捷风云榜

1 豹
2 狮子
3 老虎
4 狼
5 长臂猿
6 猕猴
7 猩猩
8 大猩猩
9 黑猩猩
10 狐狸
11 斑马
12
13 跳鼠
14 鼹鼠
15 土拨鼠
16 臭鼬
17 骆驼
18 长颈鹿
19 刺猬
20 水獭
21 海豚
22 海豹
23

### 热门搜索

**姓　名**：斑马
**家　族**：偶蹄目—马科
**身　高**：100～150厘米
**体　重**：350～430千克
**寿　命**：10～25年
**分　布**：非洲
**特　点**：长着黑白相间的条纹。

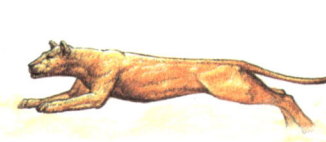

每只斑马都披着黑白相间的条纹，就像穿了一身漂亮的礼服。不过，它这身衣裳可不是为了好看。每匹斑马都有自己独特的条纹，这是它们种族之间相互识别的标志，也是一种保护色，可以扰乱敌人的视线，防御敌害。

斑马喜欢群居，也喜欢和其他动物生活在一起，长颈鹿、鸵鸟、羚羊都

## 第五章 喝奶长大的哺乳动物

### 知识百宝箱

**并非数字的巧合**

斑马头部的斑纹数目是11条,它的颈部、躯干、前肢、后肢的条纹数目也分别是11条,这是巧合吗?动物学家研究后发现,这些看起来相对独立的部分其实存在着生理或病理上的相关性,并不是数字的巧合。

是它的好朋友。斑马的视力很差,而长颈鹿、鸵鸟的视力非常好,一旦出现危险,它们会发出危险警报,斑马就可以和它们一起逃跑了。

斑马具有牺牲精神。成群结队的斑马在觅食时,一旦遇上狮子这类凶猛的天敌,成年斑马会立刻把小斑马们藏在队伍中间一起逃跑。如果敌人追上来,斑马群中会有一匹突然放慢脚步,向着同伴悲伤地叫一声,然后倒在地上,任由狮子宰割。这种牺牲自己、保护大家的精神是不是很可贵呢?

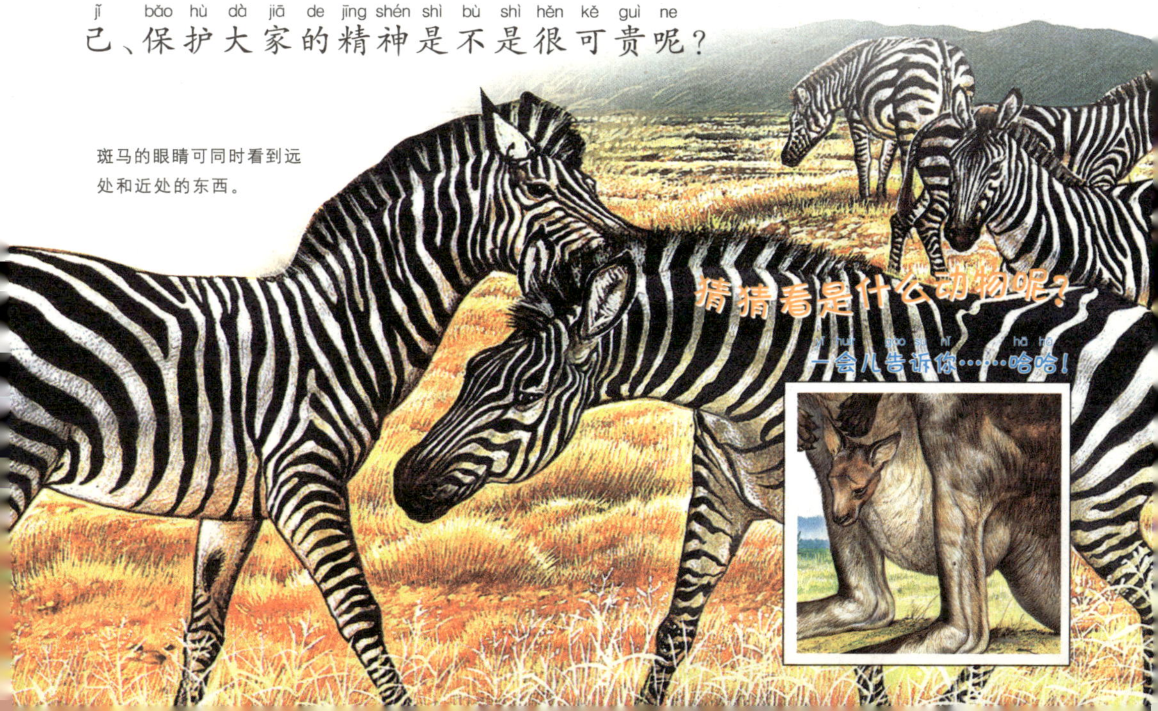

斑马的眼睛可同时看到远处和近处的东西。

猜猜看是什么动物呢?

一会儿告诉你……哈哈!

# 坐山观"鼠"斗

### 热门搜索

**姓　名**：袋鼠
**家　族**：有袋目－袋鼠科
**体　长**：230～250厘米
**体　重**：约70千克
**寿　命**：可达20年
**分　布**：澳大利亚、新几内亚、塔斯马尼亚岛
**特　点**：有育儿袋，善于跳跃。

158

你见过袋鼠打拳击吗？袋鼠看起来温文尔雅，其实很喜欢打架呢！但这只是它们的游戏，有时是为了争夺配偶。两只雄袋鼠打斗时，前肢像打拳击一样试着击倒对方，有时也抬起后腿，用力地蹬对手。看"热闹"的袋

### 逃跑绝招

袋鼠很机警，在碰到强大的对手而难以脱身时，袋鼠会突然转过身，用极快的速度绕过敌人，向反方向逃跑。这一举动常常让追击者目瞪口呆，等醒过神来，袋鼠早就逃远了。

## 第五章
### 喝奶长大的哺乳动物

鼠们并不劝架，也不参与，只是坐山观"鼠"斗。袋鼠的前肢短，后肢长，后面还拖着一条又粗又长的尾巴，这种体形使它们成为出色的跳远高手。袋鼠在跳跃前进时，前腿蜷缩，后腿像弹簧一样使整个身体猛力向前冲，同时靠尾巴来保持身体的平衡。袋鼠跳跃的速度能达到每小时60千米呢！

雌袋鼠肚子上有一个口袋，里面有乳头，是专门用来哺育孩子的。刚生下来的袋鼠非常小，浑身光溜溜的，但它会自觉地爬进妈妈的口袋里，用嘴吮吸乳汁。一岁后，小袋鼠才能独立生活。

袋鼠全速前进。

袋鼠妈妈把小宝贝装在自己的育儿袋里，保护得好好的。

图书在版编目（CIP）数据

动物王国 / 龚勋主编. —汕头：汕头大学出版社，2012.1（2021.6重印）
ISBN 978-7-5658-0490-8

Ⅰ.①动… Ⅱ.①龚… Ⅲ.①动物—少儿读物 Ⅳ.①Q95-49

中国版本图书馆CIP数据核字（2012）第003265号

# 动物王国
DONGWU WANGGUO

| | | | | |
|---|---|---|---|---|
| 总策划 | 邢涛 | 印刷 | 唐山楠萍印务有限公司 |
| 主编 | 龚勋 | 开本 | 705mm×960mm 1/16 |
| 责任编辑 | 胡开祥 | 印张 | 10 |
| 责任技编 | 黄东生 | 字数 | 150千字 |
| 出版发行 | 汕头大学出版社 | 版次 | 2012年1月第1版 |
| | 广东省汕头市大学路243号 | 印次 | 2021年6月第6次印刷 |
| | 汕头大学校园内 | 定价 | 37.00元 |
| 邮政编码 | 515063 | 书号 | ISBN 978-7-5658-0490-8 |
| 电话 | 0754-82904613 | | |

● 版权所有，翻版必究 如发现印装质量问题，请与承印厂联系退换